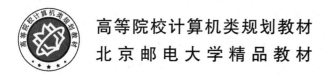

高等院校计算机类规划教材

北京邮电大学精品教材

# 数据结构与算法学习指导

徐雅静　肖　波　编著

U0282346

北京邮电大学出版社
www.buptpress.com

# 内 容 简 介

本书是《数据结构与算法》的配套学习辅导教材,数据结构与算法作为计算机及其相关专业的重要课程,是计算机软件开发及应用人员必备的专业基础,而本书的目的就是帮助读者更好地理解和掌握程序设计的思想和方法,提高应用数据结构的相关知识解决实际问题的能力。

本书分为 3 篇,第 1 篇是习题解析,按照《数据结构与算法》教材的 1～7 章,分别撰写了每一章节的课程 MAP、扩展学习、课后习题指导和练习题,并附综合试卷 6 套,方便读者对学习的程度进行自我考查;第 2 篇是实验,根据课程内容设计了 6 章对应的实验,并针对典型实验进行了讲解和实现;第 3 篇是课程设计,也是本书的特色,讲解了数据结构知识在实际问题上的应用方法和范例。

本书为读者学习数据结构及其相关知识、提高程序设计的能力提供了充足的内容,适合作为大学各专业数据结构课程的辅导书和实验教材,也可供程序爱好者自学使用。

## 图书在版编目（CIP）数据

数据结构与算法学习指导 / 徐雅静,肖波编著 . -- 北京：北京邮电大学出版社,2021.1（2024.7 重印）
ISBN 978-7-5635-6327-2

Ⅰ．①数…　Ⅱ．①徐…②肖…　Ⅲ．①数据结构—高等学校—教学参考资料②算法分析—高等学校—教学参考资料　Ⅳ．①TP311.12

中国版本图书馆 CIP 数据核字(2021)第 027484 号

策划编辑：彭　楠　　责任编辑：彭　楠　　封面设计：七星博纳

出版发行：北京邮电大学出版社
社　　　址：北京市海淀区西土城路 10 号
邮政编码：100876
发 行 部：电话：010-62282185　传真：010-62283578
E-mail：publish@bupt.edu.cn
经　　销：各地新华书店
印　　刷：保定市中画美凯印刷有限公司
开　　本：787 mm×1 092 mm　1/16
印　　张：17.5
字　　数：460 千字
版　　次：2021 年 1 月第 1 版
印　　次：2024 年 7 月第 5 次印刷

ISBN 978-7-5635-6327-2　　　　　　　　　　　　　　　　定价：42.00 元

· 如有印装质量问题,请与北京邮电大学出版社发行部联系 ·

# 前　言

数据结构与算法是计算机及相关专业的重要专业基础课。它不仅是计算机专业学生的必修课程,也是许多非计算机专业的重要课程。数据结构的知识内容及其涉及的技术方法是计算机、电子、信息与通信等领域中诸多课程的基础,同时也是软件工程研究、开发和应用中必备的基础。

本书是《数据结构与算法》的配套辅导教材,由于数据结构所包含的内容丰富,知识抽象,许多算法技巧性强,学生学习难度大,因此,本书在内容选择上不仅扩展了相关基础知识,详细分解了重要实例的数据结构和算法,还结合了电子信息类专业特点,对实验内容、课程设计内容都做了精心选择。撰写本书旨在对《数据结构与算法》这本书进行有益的补充,有一定针对性地作为电子信息类专业的数据结构辅导教材。本书作者长期从事数据结构课程的教学工作,在本书的写作过程中注重知识点的难易把握,突出数据结构在实际问题中的应用,同时对内容进行合理的剪裁和扩充,梳理出清晰的数据结构学习主线。

本书的特点主要表现在以下几个方面。

1. 扩展学习

本书第 1 篇重点是对《数据结构与算法》书上的方法举一反三,从内容的深度和广度两个层面上进行扩展,使学习能力较强的学生能够不局限于课本内容,使之提高自己运用计算机算法解决问题的能力。

2. 分级实验设计

本书第 2 篇将实验按照难度分成基础实验、应用实验和扩展实验。可以根据自己的能力来选择适合的题目进行实验,并增加了典型实验的详细讲解和实现,有助于读者理解实验的内涵,独立完成实验的内容。

3. 实验设计与课程设计的衔接

本书第 2 篇实验中的扩展实验设计用来解决实际的问题,即实验也可以作为课程设计的一部分,方便读者对数据结构重点章节内容的扩展和理解;此外和第 3 篇的课程设计在内容设计上既有关联又有深度的扩展,使读者可以在深度和广度两个方面扩展数据结构知识的应用。

本书共分为 3 篇,第 1 篇前 3 章相关内容由肖波副教授编写,后 4 章相关内容和试题习题由徐雅静副教授编写;第 2 篇实验题目前 3 个实验相关内容由肖波副教授编写,其余由徐雅静副教授编写;第 3 篇课程设计 1 和 2 由肖波副教授编写,课程设计 3 由徐雅静副教授编写。全书由徐雅静副教授统稿。书中的所有 C++代码、试题答案等都可通过出版社网站下载。

本书的写作过程中,作者得到了同事及研究生的广泛支持和帮助。特别感谢蔺志青教授、别红霞教授、赵衍运副教授、胡佳妮副教授、马占宇副教授、黄平牧老师对本书内容的总体把握和指导,并对各章内容提出很多重要的修改意见。感谢研究生张玉欣、王川、孙忆南、张博森、程明飞等同学帮助收集相关资料和习题答案验证,并参与本书的校对工作。本书的写作还得到郭军教授的大力支持,并提出很多有益的建议,在此一并表示感谢。

由于作者水平有限,书中难免有错误和缺点。在此欢迎广大读者和同行专家多提宝贵意见和建议,对书中错误疏漏之处批评指正,可直接将意见发送至 *xyj@bupt.edu.cn*,作者将非常感谢。

**作  者**

# 目　录

## 第 1 篇　习题解析

# 第2篇　实验指导

# 第 3 篇 课程设计

◎◎◎◎◎ 第1篇 ◎◎◎

# 习题解析

# 第1章
# 绪论

## 1.1 本章导学

### 1.1.1 知识点 MAP 图

本章的知识点 MAP 图如图 1-1-1 所示,其中第 3 层代表了本章学习的主线。

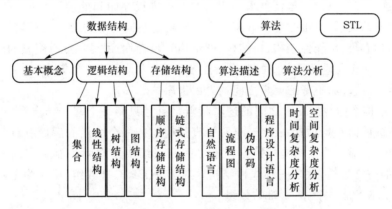

图 1-1-1 知识点 MAP 图

### 1.1.2 学习重点

本章介绍了数据结构的基本概念,研究内容,常见的逻辑结构和存储结构,算法的常见描述方法,算法的时间复杂度分析和空间复杂度分析,STL 基本概念。

本章的学习重点包括以下内容:

(1) 数据结构的研究内容;

(2) 常见逻辑结构的特点;

(3) 常见存储结构的特点;

（4）算法描述方法；

（5）算法时间复杂度分析方法。

本章的学习难点包括以下内容：

（1）数据结构的研究内容；

（2）算法的时间复杂度分析；

（3）体会数据结构与算法在工程实践中的应用。

# 1.2　扩展学习

## 1.2.1　深入理解数据结构课程的学习内容

我们知道，现实生活中的数据是多种多样的，通过计算机对不同种类的数据进行操作前，首先考虑这些数据如何在计算机中进行存储。因为计算机中的存储空间是一维的，而现实中的数据是千变万化的。本质上说，数据结构的核心是研究各类数据如何在计算机的一维存储空间中进行存储。

数据在计算机中进行存储时，一方面要考虑数据自身的特点，另一方面还要考虑存储后进行操作的便利性。因此，首先需要根据其特点对现实生活中的数据进行分类，每一类具有一定的特点，符合这一类特点的数据便可采用相同的方法进行存储和处理。数据的特点主要表现在数据元素之间的关系上，也被称为数据的逻辑结构。不同特点的数据的逻辑结构是不同的，常见的逻辑结构有集合、线性结构、树结构、图结构等，它们的逻辑特点有明显的区别：

（1）集合是指其数据元素之间的逻辑特点是满足"共同属于一个集合"的关系。通常要求集合中的元素不可重复，不考虑元素之间的先后次序。

（2）线性结构中的数据元素之间的逻辑特点是有且只有一个起始结点和一个终端结点，并且其他结点的前面有且只有一个结点（称为直接前驱），每个结点的后面有且只有一个结点（称为直接后继）。显然线性结构的数据元素之间在一维线性空间中有确定的先后次序。例如，我们常用的一维数组，就是一种线性结构。对于 $n(n \geqslant 2)$ 维数组，可认为是一种广义上的线性结构，每个结点是一个 $n-1$ 维的数组。

（3）树结构中的数据元素之间存在着一对多的层次关系。类似于家族谱，每个结点只有一个父结点，但可以有多个孩子结点。显然，这种结构区别于集合和线性结构。

（4）图结构中的数据元素之间存在着多对多的关系。每个数据元素与多个元素有连接关系。

我们理解了常见的四种逻辑结构的特点后，对于碰到的实际数据，就可以根据它们的特点判断属于或接近哪一种逻辑结构。

由于每一种逻辑结构具有自身明显的特点，因此在设计其存储方式时就要结合其自身特点，并考虑到对其操作的便利性。其实每种逻辑结构都可以有多种存储方式，很难说哪种是最好的。常见的存储方式有顺序存储结构和链接存储结构，以及二者的结合。数据结构课程重点研究之一的就是常见的各种逻辑结构的不同存储方式。

数据的存储结构确定后，就可以使用编程语言进行描述，如 C 语言的结构类型、C++的类。同时对数据进行各种操作的算法就可以设计和实现。算法的设计也是数据结构课程的重要研究内容,算法设计的输出是使用某种描述语言,如自然语言、流程图、伪代码等,将算法的处理过程准确地描述出来即可。而算法的实现不是数据结构的主要内容,这是学习各类编程语言的目标,即把描述好的算法翻译成某种编程语言。教材中采用C++程序设计语言对算法进行实现。

通过以上的分析,用一句话概括,数据结构课程内容是学习各种逻辑结构的数据的常见存储结构以及相关操作算法。

## 1.2.2　算法的时间复杂度分析

算法的时间复杂度是对算法执行时间的度量。一个算法的执行时间取决于多个因素,但评价算法的时间复杂度主要考虑问题的规模。问题规模通常指算法处理的数据量的大小。将问题规模设为 $n$,运行算法所需要的时间 $T$ 可看作问题规模 $n$ 的函数,记作 $T(n)$。

一个算法的执行时间,应该是该算法每条语句执行的时间之和。假定每条语句执行一次所需的时间是单位时间,则每条语句执行的时间正比于该语句执行的次数。通常将语句执行的次数称为该语句的频度(Frequency Count)。算法运行所需要的时间可认为是算法中所有语句的频度之和。若算法为多项式时间算法,则时间复杂度可表示为

$$T(n) = \sum_{k=0}^{p} c_k n^k = O(c_p n^p) = O(n^p)$$

也就是说,随着 $n$ 的增大,$T(n)$ 的值主要取决于 $n$ 的最高次幂,即 $T(n)$ 与 $n$ 的最高次幂是同阶的。由于算法中语句的数量是确定的,因此若能选择一条关键语句,其执行次数与算法中所有语句的频度之和是同阶的,则可将关键句的执行次数作为整个算法的时间复杂度,从而简化了时间复杂度计算。

**例 1.1**　分析下面算法的时间复杂度。

```
i = 1;
while(i <= n)
    i *= 2;
```

**解:**

从关键语句 i*=2;不难发现,每循环一次,$i$ 增大为原来的 2 倍,设关键语句执行频度为 $T$,则有 $2^T = n$,因此,算法时间复杂度 $T(n) = \log_2 n$。

若算法调用递归函数,其时间复杂度分析较为复杂,通常将其时间复杂度的分析转化为一个递归方程的求解渐进阶的问题。递归方程的形式有多种多样,因此求解方法也各有不同,比较常见的方法如:

(1) 代入法(Substitution Method):先推测递归方程的显式解,然后用数学归纳法来验证该解是否合理。

(2) 迭代法(Iteration Method):迭代地展开递归方程的右端,使之成为一个非递归的和式,然后通过对和式的估计来达到对方程左端即方程的解的估计。

(3) 套用公式法(Master Method):该方法针对形如“$T(n) = a * T(n/b) + f(n)$”的递归方程。这种递归方程是分治法的时间复杂性所满足的递归关系,即一个规模为 $n$ 的问题被分成规模均为 $n/b$ 的 $a$ 个子问题,递归地求解这 $a$ 个子问题,然后通过对这 $a$ 个子问题的解的综

合,得到原问题的解。

(4) 差分方程法(Difference Formula Method):可以将某些递归方程看成差分方程,通过解差分方程的方法来解递归方程,然后对解做出渐近阶估计。

在此不再对每种求解方法进行详细阐述,只给出一个简单的实例。

**例 1.2** 分析下面产生斐波那契序列的递归算法的时间复杂度。

```
int Fib(int n)
{
    if (n <= 1)  return 1;
    else return Fib(n − 1) + Fib(n − 2);
}
```

**解:**

通过分析递归过程,不难发现 $T(n) = T(n-1) + T(n-2)$,显然这是一个二阶常系数齐次线性差分方程,将其写成标准形式为

$$T(n+2) - T(n+1) - T(n) = 0$$

设 $T(n) = X^n$ 为对应齐次方程的一个解,代入上式,得

$$X^{n+2} - X^{n+1} - X^n = 0$$

即有

$$X^2 - X - 1 = 0$$

求解该方程得:$X_{1,2} = \dfrac{1 \pm \sqrt{5}}{2}$,因此方程的通解为

$$T(n) = A_1 \left(\frac{1+\sqrt{5}}{2}\right)^n + A_2 \left(\frac{1-\sqrt{5}}{2}\right)^n$$

又 $T(0) = 1, T(1) = 1$,分别代入上式,得 $A_1 = \dfrac{1+\sqrt{5}}{2\sqrt{5}}, A_2 = \dfrac{\sqrt{5}-1}{2\sqrt{5}}$,因此,有

$$\begin{aligned}
T(n) &= \frac{1+\sqrt{5}}{2\sqrt{5}} \left(\frac{1+\sqrt{5}}{2}\right)^n + \frac{\sqrt{5}-1}{2\sqrt{5}} \left(\frac{1-\sqrt{5}}{2}\right)^n \\
&= \frac{1}{\sqrt{5}} \left(\left(\frac{1+\sqrt{5}}{2}\right)^{n+1} - \left(\frac{1-\sqrt{5}}{2}\right)^{n+1}\right) \\
&= \left(\frac{1+\sqrt{5}}{2}\right)^n + \left(\frac{1+\sqrt{5}}{2}\right)^{n-1} \left(\frac{1-\sqrt{5}}{2}\right) + \cdots + \left(\frac{1-\sqrt{5}}{2}\right)^n \\
&= O\left(\left(\frac{1+\sqrt{5}}{2}\right)^n\right)
\end{aligned}$$

显然,算法的时间复杂度为指数分布,近似值为 $O(1.6^n)$。

**例 1.3** 分析下面产生斐波那契序列的非递归算法的时间复杂度。

```
int Fib(int n)
{
    int a = 1, b = 1;
    for (int i = 1; i < n; i++)
    {
        int tp = a + b;
```

```
        b = a;
        a = tp;
    }
    return a;
}
```

**解：**

对于斐波那契序列的非递归算法,显然只有一个循环,因此其时间复杂度为 $O(n)$,其效率远远高于斐波那契序列的递归算法。

通过比较例 1.2 和例 1.3 不难发现,对于同样的功能,递归函数的执行效率往往要比非递归算法的效率低很多。

## 1.2.3 异常处理机制

程序设计的要求之一就是程序的健壮性。希望程序在运行时能够不出或者少出问题。但是,在程序的实际运行时,总会有一些因素导致程序不能正常运行。

我们在设计算法时,往往对算法的正常逻辑处理流程设计得比较准确,对异常情况的处理反而不容易设计全面,导致程序在出现异常情况时崩溃。如果软件出现这种情况会给用户带来极不友好的体验。

举一个简单的例子,试设计一个程序,运行后提示用户输入两个整数,两个整数用空格隔开,用户输入后,程序显示出两个数字的和。这个程序正常的逻辑处理非常简单,但若用户输入的两个字符串不是整数,程序应该给出提示,否则程序有可能会崩溃。因此针对异常情况的处理也是非常重要的,当然有时这种处理会比较复杂。

异常(Exception)是程序在运行时可能出现的会导致程序运行终止的错误。这种错误是不能通过编译系统检查出来的。常见的异常如下:

(1)系统资源不足。例如,内存不足,不可以动态申请内存空间;磁盘空间不足,不能打开新的输出文件等。

(2)用户操作错误导致运算关系不正确。例如,出现分母为 0,数学运算溢出,数组越界,参数类型不能转换等。

异常有以下的一些特点:

(1)偶然性。程序运行中,异常并不总是会发生。

(2)可预见性。异常的存在和出现是可以预见的。

(3)严重性。一旦异常发生,程序可能终止,或者运行的结果不可预知。

异常处理(Exception Handling)就是一种解决这一问题的机制,能够较好地处理程序不能正常运行的情况。在 C++ 中,我们使用 try、throw、catch 三个关键字来实现异常处理。

C++ 异常处理的语法可以表述如下:

```
try
{
    受保护语句;
    if (出现某种错误) throw 异常;
    其他语句;
}
```

catch(异常类型)

{

　　异常处理语句;

}

　　try 后面的复合语句称为受保护段,受保护段的代码有可能出现异常,因此在 try 部分进行异常检测。如果检测到异常,就通过 throw 语句抛掷这个异常。受保护段所调用的函数中也可以检测和抛掷异常。所抛掷的异常,可以是一个整数、一个字符串、一个变量,甚至是一个类的对象。也就是说,异常是有不同类型的。

　　catch 部分的作用是捕获异常和处理异常。每个 catch 后的括弧内,都要指定一个"异常类型",表明它可以捕获哪种类型的异常。一旦捕获到了异常,就通过异常处理语句来进行处理。

　　程序执行的流程有两种:

　　(1) 没有异常:try→受保护语句→其他语句。

　　(2) 有异常:try→受保护语句→throw 异常→catch→异常处理语句。

　　在编写带有异常处理的程序时,还要注意:

　　(1) try 语句块和 catch 语句块是一个整体,两者之间不能有其他的语句。

　　(2) 一个 try 语句块后面可以有多个 catch 语句,但是,不可以几个 try 语句块后面用一个 catch 语句。

　　下面给出一个异常处理的简单的示例。

　　**例 1.4**　试设计一个程序,运行后提示用户输入两个整数,两个整数用空格隔开,用户输入后,程序显示出两个数字的和。若用户输入的两个字符串不是整数,程序给出提示。

　　代码如下:

```cpp
# include < iostream >
# include < sstream >
# include "string"
using namespace std;
int getInt(string &a)
{
    for (unsigned int i = 0;i < a.length();i + + ){
        char s = a[i];
        if (!(s > = '0'&&s < = '9'||0 = = i&&('+' = = s||'-' = = s)))
            throw a + " is not an int number.";
    }
    int n = atoi(a.c_str());        //转换为整型数
    //判断输入的数字是否超出范围
    stringstream p;
    p << n;
    if (a! = p.str()) throw a + " out of range.";
    return n;
}
void main()
{
```

```
    string a,b;
    cout <<"please input 2 int numbers:"<< endl;
    try{
        cin >> a >> b;
        int n = getInt(a);
        int m = getInt(b);
        int k = n + m;
        //判断两数之和是否溢出
        if (k > 0 && n < 0 && m < 0||k < 0 && n > 0 && m > 0) throw " over flow.";
        cout << n <<" +"<< m <<" ="<< k << endl;
    }
    catch(char * s)
    {   //捕获以字符串形式返回的异常信息
         cout <<"input error:"<< s << endl;
    }
    catch(string s)
    {   //捕获以 string 形式返回的异常信息
         cout <<"input error:"<< s << endl;
    }
}
```

程序执行过程中,若输入合理的数值,则显示正常的结果:

```
please input 2 int numbers:
- 1000    1000
- 1000 + 1000 = 0
```

若输入错误字符,则提示非整型数信息:

```
please input 2 int numbers:
222    ab
input error: ab is not an int number.
```

若输入超长的数字,则提示异常:

```
please input 2 int numbers:
10000000000000000    1
input error: 10000000000000000 out of range.
```

若输入正常,但计算结果溢出,则提示溢出信息:

```
please input 2 int numbers:
2000000000    1000000000
input error:  over flow.
```

C++中专门用来传递异常的类称为异常类。异常类可以是用户自定义的,也可以是系统提供的 exception 类。在此不再阐述,有兴趣的读者请参阅相关资料。

# 1.3 课后习题指导

1. 填空题。

(1)_____是指数据之间的相互关系,即数据的组织形式。通常人们认为它包含三个方面的内容,分别为数据的_____、_____及其运算。

答案:数据结构 逻辑结构 存储结构

(2)_____是数据的基本单位,在计算机程序中通常作为一个整体进行处理。

答案:数据元素

(3)数据元素之间的不同逻辑关系代表不同的逻辑结构,常见的逻辑结构有_____、_____、_____和_____。

答案:集合 线形结构 树结构 图结构

(4)数据的存储结构考虑的是如何在计算机中存储各个数据元素,并且同时兼顾数据元素间的逻辑关系。基本的存储结构通常有两大类:_____和_____。

答案:顺序存储结构 链式存储结构

(5)通常一个问题可以有多种不同的算法,但每个算法必须满足 5 个准则:输入、输出、_____、_____和_____。

答案:有穷性 确定性 可行性

(6)通常通过衡量算法的_____复杂度和_____复杂度来判定一个算法的好坏。

答案:时间 空间

(7)常见时间复杂性的量级有:常数阶 $O$_____、对数阶 $O$_____、线性阶 $O$_____、线性对数阶 $O$_____、平方阶 $O$_____和指数阶 $O$_____。通常认为,当问题规模较大时,具有_____量级的算法是不可计算的。

答案:(1) $(\log n)$ $(n)$ $(n\log n)$ $(n^2)$ $(K^n)$ 指数

(8)STL 提供的标准容器有顺序容器、_____和_____。

答案:排序容器 哈希容器

(9)算法可认为是 STL 的精髓,所有算法都是采用_____的形式提供的。

答案:函数模版

(10)通常认为 STL 由空间管理器、迭代器、泛函、适配器、_____和_____六部分构成,其中前面四部分服务于后面两部分。

答案:容器 算法

2. 选择题。

(1)以下结构中,( )属于线性结构。

A. 树    B. 图    C. 串    D. 集合

答案:C

(2)算法描述的方法有很多种,使用( )描述算法时,多采用程序设计语言的基本语法,又无须关注太多语法限制。

A. 自然语言    B. 流程图

C. 伪代码    D. 程序设计语言

答案:C

（3）现实生活中的家族谱，可认为是一种（　　）结构。

A. 树　　　　　　　B. 图　　　　　　　C. 集合　　　　　　　D. 线性表

**解析**：家族谱中，每对夫妻有多个孩子，每个孩子只属于一对夫妻，因此符合树的特点。

答案：A

（4）手机中存储的电话号码簿，可认为是一种（　　）结构。

A. 树　　　　　　　B. 图　　　　　　　C. 集合　　　　　　　D. 线性表

答案：D

（5）NP 问题是（　　）。

A. 非多项式时间问题，即非 P 问题　　　　B. 非确定性多项式时间问题

C. P 问题的子集　　　　　　　　　　　　D. 与 P 问题不相交的

答案：B

（6）以下（　　）不属于 STL 的顺序容器。

A. 向量（vector）　　　　　　　　　　　B. 列表（list）

C. 队列（queue）　　　　　　　　　　　D. 双端队列（deque）

答案：C

（7）下面带有 @ 标记的语句的频度（$n > 10$）是（　　）。

```
for(int i = 0;i < n−1;i++)
  for(int j = i+1;j < n;j++)
    @cout << i << j << endl;
```

A. $n*(n−1)/2$　　　B. $n*n/2$　　　C. $n*(n+1)/2$　　　D. 不确定

**解析**：$\sum\limits_{i=0}^{n-2}\sum\limits_{j=i+1}^{n-1}1 = \sum\limits_{i=0}^{n-2}n-1-i = \dfrac{(n-1)n}{2}$

答案：A

3. 分析以下程序段的时间复杂度。

```
(1) for (i = 1; i <= n; i++) {
        k++;
        for (j = 1; j <= n; j++)
            m += k;
    }
```

```
(2) for (i = 1; i <= n; i++)
        k++;
        for (j = 1; j <= n; j++)
            m += k;
```

```
(3) i = 1;
    while (i <= n)
        i *= 2;
```

```
(4) i = 1;
    while (i <= n)
        i += 2;
```

```
(5) k = 100,i = 10;
    do {
        if (i < n) break;
        i++;
    }while(i < k);
```

```
(6) for (i = 0; i < 100; i++)
        for (j = 0; j < i; j++)
            sum += j;
```

```
(7) y = 0;
    while (y * y * y <= n)
        y++;
```

```
(8) int i = 0;
    while (i < n && a[i]! = k) i++;
    return i == n? −1:i;
```

答案：

(1) $O(n^2)$

(2) $O(n)$

(3) $O(\log n)$

(4) $O(n)$

(5) $O(1)$

(6) $O(1)$

(7) $O(n^{1/3})$

(8) $O(n)$

4. 将整数设计为一个类,将整数相关的常见数学运算设计为类的接口并进行实现,如求与给定值的最大公约数、最小公倍数、枚举所有因子等。

**解：**

```cpp
#include "math.h"
#include "vector"
using std::vector;


//定义自然数类
class NaturalNumber{
public:
    NaturalNumber(unsigned long int n = 0):num(n){}
    unsigned long int GreatestCommonDivisor(NaturalNumber & nn);//求解最大公约数
    unsigned long int LeaseCommonMultiple(NaturalNumber & nn);  //求解最小公约数
    //求所有因子,存储在factors中,函数返回因子个数
    int GetFactors(vector<unsigned long int> & factors);
    unsigned long int GetNumber(){return num;}

    //……其他外部接口
private:
    unsigned long int EUCLID(NaturalNumber & n);//欧几里得算法求解最大公约数
    unsigned long int num;                      //存储真正的自然数
};
//返回欧几里得算法求解最大公约数
unsigned long int NaturalNumber :: EUCLID(NaturalNumber & nn)
{
    unsigned long int m = num;
    unsigned long int n = nn.num;
    unsigned long int r = m % n;
    while(r != 0){
        m = n; n = r; r = m % n;
    }
```

```cpp
        return n;
}
//返回最大公约数
unsigned long int NaturalNumber :: GreatestCommonDivisor(NaturalNumber & nn)
{
        return EUCLID(nn);
}
//返回最小公倍数
unsigned long int NaturalNumber :: LeaseCommonMultiple(NaturalNumber & nn)
{
        unsigned long int temp = EUCLID(nn);
        return num * nn.GetNumber() / temp;
}
int NaturalNumber :: GetFactors(vector < unsigned long int > & factors)
{
        int t = 0;
        int m = sqrt((double)num);
        vector < unsigned long int > bigfactors;
        for(unsigned long int i = 1;i < m;i ++ )
        {
                if(0 == num % i) {t += 2; factors.push_back(i);
                        bigfactors.push_back(num/i);
                }
        }
        if (m * m == num) {t ++; factors.push_back(m);}
        vector < unsigned long int >::iterator it = bigfactors.end();
        if (bigfactors.size()) do
        {
                it --;
                factors.push_back( * it);
        }while(it! = bigfactors.begin());
        return t;
}
void main()
{
        NaturalNumber p(1);
        int xx = p.GreatestCommonDivisor(NaturalNumber(120));
        int yy = p.LeaseCommonMultiple(NaturalNumber(120));
        vector < unsigned long int > f;
        int t = p.GetFactors(f);
}
```

# 1.4 练 习 题

填空题。

(1) 在数据结构中,数据元素之间通常有下列四类基本逻辑结构:集合、_____、_____和_____;有两种物理结构(存储结构),分别是_____和_____。

(2) 通常通过衡量一个算法的_____复杂度和_____复杂度来判定一个算法的好坏。

(3) 以下代码:for(int i = 0; i < n; i++);在_____条件下,语句 $i < n$ 的执行频度为1,在 $n$ 足够大时,语句 $i < n$ 的执行频度为_____。

(4) 在数据结构中,数据元素之间通常有 3 种关系,其中一对一的关系对应的逻辑结构是_____,一对多的关系对应的逻辑结构是_____,多对多的关系对应的逻辑结构是_____。

(5) 程序段 i = 1;while(i < n) i = i * 2 的时间复杂度为_____。

# 第2章
# 线性表

## 2.1 本章导学

### 2.1.1 知识点 MAP 图

本章的知识点 MAP 图如图 1-2-1 所示,其中第 3 层代表了本章学习的主线。

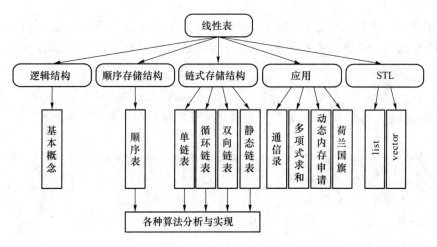

图 1-2-1 知识点 MAP 图

### 2.1.2 学习重点

本章是本课程的重点之一。首先论述了线性表的逻辑结构,使读者了解线性表的基本特点,从而可以判断符合什么特点的数据可以作为线性表处理。然后论述了线性表常见的存储方法,顺序存储结构和链式存储结构。采用顺序存储结构存储的线性表称为顺序表,采用链式存储结构存储的线性表称为链表。采用链式存储结构时,又有多种链式存储形式,因此链表又分为最简单的单链表、循环链表,双向链表,静态链表等。对于每一种存储形式,应充分理解其在内存中的存储方式,并学会画出存储示意图。

理解了不同的存储方式后,接下来就要学习线性表功能的实现,即各种算法的设计和实现。针对每种算法,需要进行时间复杂度和空间复杂度的分析,了解每个算法的特点。

因此,本章的学习重点包括以下内容:

(1) 顺序表的存储结构;

(2) 顺序表的基本操作;

(3) 单链表的存储结构;

(4) 单链表的基本操作;

(5) 链表的其他存储结构。

本章的学习难点包括以下内容:

(1) 单链表的存储结构;

(2) 单链表的基本操作;

(3) 体会线性表在工程实践中的应用。

## 2.2  扩展学习

### 2.2.1  遍历顺序表

教材给出了顺序表模板类 SeqList 针对简单数据类型的遍历操作 PrintList()函数,用于打印线性表中的每个结点。函数中使用 C++标准输出流对象及插入操作符"<<"进行打印。代码如下:

```
template < class T >
void SeqList < T >::PrintList()   //按序号依次遍历线性表中的各个数据元素
{
    cout <<"按序号依次遍历线性表中的各个数据元素:"<< endl;
    for (int i = 0;i < length;i++)
        cout << data[i]<<" ";
    cout << endl;
}
```

假定线性表中数据元素为构造类型,直接执行"cout << data[i]"语句是错误的,该如何实现顺序表的遍历操作呢?

**例 2.1**  设线性表的元素类型为 A,定义如下:

```
class A
{
public:
    A(int i):data(i){}
private:
```

```
    int data;
}
```

如何修改该类,使如下代码正常运行:

```
A x[2] = {A(10),A(20)};
SeqList < A > list(x,2);  //SeqList 类的定义请参考教材顺序表的 C++ 描述
list.PrintList();
```

**解析:**

以上代码产生的顺序表中,每个元素都是构造数据类型,list 对象执行 PrintList 函数时,需要使类 A 可以运行如"cout << A 对象"形式的代码。这里只需要加入"<<"操作符重载函数作为类 A 中的友元函数即可。修改如下:

```
class A
{
public:
    A(int i):data(i){}
    friend ostream &operator <<(ostream &stream,A & obj)
    {
        stream << obj.data;
        return stream;
    }
private:
    int data;
}
```

## 2.2.2  深入理解链表的存储结构

单链表在存储时,总是前一个结点的 next 域存储下一个结点的地址。头结点的地址通常存储在一个头指针变量中,最后一个结点的地址不存储任何地址,通常设置为空。

**例 2.2**  设单链表结点的存储结构按如下定义:

```
template < class T >
struct Node
{
    Node(T i){
        data = i;
        next = 0;
    }
    T data;
    Node < T > * next;
};
```

试分析如下代码：

```cpp
void f()
{
    Node<int>* head = new Node<int>(1);
    Node<int>* p = new Node<int>(2);
    Node<int>* q = new Node<int>(3);
    head->next = p;
    head->next->next = q;
}
```

**解析：**不难发现，这段代码一共在堆内存中申请了三个结点单元。每个单元的首地址分别存储到指针变量 head，p，q 中。由 head->next = p;语句，可知 head 结点的 next 域被赋值为指针变量 p 的值，也就是 p 结点（即指针 p 所指向的结点）的地址，因此可判断 p 结点在 head 结点的后面。而 head->next->next = q;语句相当于 p->next = q，即 head 结点的下一个结点的 next 域存储指针变量 q 的值，因此 q 结点在 p 结点的后面。图 1-2-2 给出了其示意图。

需要注意的是，三个指针变量 head，p，q 是在栈中存储，它们的值均为地址，三个结点在堆空间中。图 1-2-3 给出了所有相关变量和结点在内存中的实际存储示意图。从图中可以看到，指针变量 head 的值与 head 结点的地址相同，指针变量 p 的值与 head 结点的 next 域、p 结点的地址都相同，指针变量 q 的值与 p 结点的 next 域、q 结点的地址都相同。

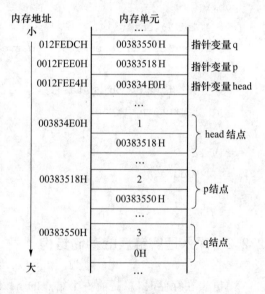

图 1-2-3　实际存储示意图

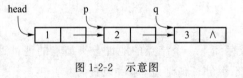

图 1-2-2　示意图

链表是最简单的链式存储结构，在实际应用中，设计者常常将其结合其他存储结构来完成复杂数据的存储和操作。因此，希望读者深入理解这种存储结构。

### 2.2.3　求单链表的长度

**例 2.3**　在教材给出的单链表模板类 LinkList 定义中，有 GetLength 函数，用于获取单链表的长度。

**解析：**要计算单链表的长度，只需要初始化计数器 $i$ 为 0，然后从头结点的下一个结点开始遍历每一个结点，每遍历一个结点，计数器进行加 1 操作，直到下一个结点不存在为止。此时的计数器就是单链表的长度。代码如下：

```cpp
template<class T>
```

```
void LinkList < T >::GetLength()          //获取单链表的长度
{
    Node < T > *  p = first - > next;      //初始化工作指针
    int i = 0;
    while (p){
        i + +;
        p = p - > next;
    }
    return i;
}
```

以上代码需要遍历整个链表,显然其时间复杂度为 $O(n)$,我们如何实现时间复杂度为 $O(1)$ 的获取单链表长度的算法呢?

**例 2.4**　如何修改单链表,使得获取单链表长度的算法时间复杂度为 $O(1)$?

**解析:**

我们知道,顺序表的获取长度算法时间复杂度为 $O(1)$,因此要使得获取单链表长度的算法时间复杂度为 $O(1)$,可以按顺序表的处理思路,在单链表模板类 LinkList 定义中加入数据成员 length,表示单链表的当前长度。这样,获取单链表长度的算法在实现时只需要返回 length 的值即可。

由于 length 表示了单链表的当前长度,因此还需要修改单链表引起长度变化的各个函数,如构造函数、插入元素函数 Insert、删除元素函数 Delete 等,在这些函数中修改 length 的值即可,在此不再给出具体代码。

由该例可以看出,对同样的数据进行存储和操作,设计较好的存储结构可以使很多操作的时间复杂度达到最好,即使牺牲一点存储空间也是值得的。

## 2.2.4　在单链表当前结点前后进行操作的快速算法

设 p 指向单链表中的某个结点,不难发现,在 p 结点前后进行插入或删除操作共有五种情况,如图 1-2-4 所示。

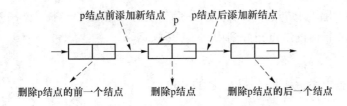

图 1-2-4　在 p 结点前后进行插入或删除操作

易知,在 p 结点后插入和删除结点操作的时间复杂度均为 $O(1)$。

若要删除 p 结点前的结点,需要在 p 结点前寻找到该结点或该结点的前一个结点。因此,算法的时间复杂度为 $O(n)$。

若在 p 结点前插入一个新结点,容易想到的方法是首先从头开始遍历找到已知结点的前一个结点,然后在其后加入新结点,这个时间复杂度为 $O(n)$。教材中给出了时间复杂度为

$O(1)$的改进算法,算法的本质是在已知结点的后面插入新结点,然后将已知结点 data 域的值赋给新结点的 data 域,最后将新值赋值给已知结点的 data 域。

若要删除 p 结点,同样可以采用上述原理,实现时间复杂度为 $O(1)$ 的快速删除算法。

**例 2.5** 设 p 指向单链表中的某个结点,要删除 p 结点,试设计时间复杂度为 $O(1)$ 的删除算法。

**解析:**

```
template < class T >
T LinkList < T > ::Delete(Node < T > * p)   //p 已经指向单链表中的某个结点
{
    T x = p − > data;
    Node < T > *  q = p − > next;
    p − > next = q − > next;
    p − > data = q − > data;
    delete q;
    return x;
}
```

若 p 指向双向链表中的某个结点,则以上五种情况的操作均容易实现,且时间复杂度都为 $O(1)$。

## 2.2.5　链表的应用

链表应用极其广泛,在应用时也有很多技巧,下面给出几个实际的例子。

**例 2.6** 若带头结点的单链表的长度为 $n$,则该链表的中间结点序号为 $\lceil n/2 \rceil$。试设计算法,找出单链表中的中间结点。

**解析:**

直观上考虑,可以先遍历一遍单链表,得到其长度 $n$,然后再用按位查找算法寻找第 $\lceil n/2 \rceil$ 个结点。在这里,给出一个更简单的处理,虽然两者的时间复杂度相同,但从中可以发现一些处理技巧。

令 p 和 q 分别指向头结点,p 和 q 每次往后移动时,p 移动的步长为 1,q 移动的步长为 2,则当 q 走到底后,p 指向的结点正好到中间。代码如下:

```
template < class T >
Node < T > * LinkList < T > ::middleElement()
{
        Node < T > * p = front;
        Node < T > * q = front;
        while (q){
                p = p − > next;
                if(q)q = q − > next;
                if(q)q = q − > next;
```

```
        }
        return p;
}
```

**例 2.7**　在不改变链表结点结构的条件下,如何设计空间复杂度为 $O(1)$ 的检测算法,来判断一个链表中是否存在环?

**解析:**

图 1-2-5 给出一个有环的链表示意图。若允许改变结点结构,可在结点中加入一个用于标记是否被访问的 Tag 域,顺序遍历的过程中若发现 Tag 域已经被标记过,说明存在环。

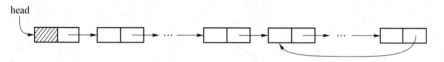

图 1-2-5　含有环的链表示意图

该问题可采用与例 2.6 同样的思路。同样设置两个指针 p 和 q,开始时分别指向头结点和第一个结点,然后开始往后移动,每次移动时 p 移动步长为 1,q 移动步长为 2,若 q 不为空且 p 和 q 两个指针能相遇,则说明链表中存在环。

代码如下:

```
template < class T >
bool LinkList < T >::CheckCircle()
{

        if (front == NULL || front -> next == NULL) return false;
        Node < T > * p = front;
        Node < T > * q = front -> next;
        while (q! = NULL & p ! = q){
                p = p -> next;
                if(q)q = q -> next;
                if(q)q = q -> next;
        }
        if (q == NULL) return false;
        return true;

}
```

**例 2.8**　已知一个手链由 $n$ 个珠子串联在一起构成,这些珠子共有 $m$ 种不同的颜色。试设计一个算法,仅遍历一次,手链即可得到最长的同色珠串颜色、长度和起始珠子序号。

**解析:**

题目要求遍历一次手链即可得到最长的同色珠串,则遍历每个珠子时,应得到该珠子所在的当前同色珠串的长度,当下一个珠子颜色变化后,前一个珠子所在的同色珠串长度即可得到,看其是否比当前最长值更大。若更大,则更新最长值信息即可。

在算法实现前,手链该如何存储呢?在这里,为了表示手链是一个环,代码中使用了循环链

表来实现。当然使用顺序表和单链表均可以,而且操作更容易理解一些。代码如下:

```cpp
#include "iostream"
using namespace std;

//定义链表结点结构
class Node{
public:
    Node(int i):data(i),next(0){}
    int data;
    Node * next;
};
Node * createList(int * a, int n){
    Node * first, * p;
    for (int i = 0;i < n;i++){
        if (i == 0) p = first = new Node(a[i]);
        else{
            Node * q = new Node(a[i]);
            p -> next = q;
            p = p -> next;
        }
    }
    p -> next = first;
    return first;
}
int main()
{
    //数组 a 代表手链,每个元素代表一个珠子,其值代表珠子的颜色
    int a[] = {1,1,1,2,3,4,2,2,2,1};
    //构造不带头结点的循环单链表
    Node * first = createList(a,sizeof(a)/sizeof(int));

    int MaxLen = 0;         //保存当前最长同色珠串的长度
    int MaxColor = 0;       //保存当前最长同色珠串的颜色
    int MaxStart = 0;       //保存当前最长同色珠串的起始珠子序号
    int CurrentLen = 0;     //保存当前同色珠串的长度
    int CurrentColor = 0;   //保存当前同色珠串的颜色
    int CurrentStart = 0;   //保存当前同色珠串的起始珠子序号
    int pos;                //保存当前遍历的珠子序号

    //获取第一种相同颜色珠子的串长,存放到 FirstColorLen
```

```
CurrentColor = first -> data;
CurrentLen = 1;
CurrentStart = 1;
Node * p = first -> next;
pos = 2;

while (p! = first && p -> data == first -> data)
{
    CurrentLen ++;
    p = p -> next;
    pos ++;
}
int FirstColorLen = CurrentLen;

//计算后续的相同颜色珠子的串长
while (p! = first){
    int k = p -> data ;
    if (k == CurrentColor) CurrentLen ++;
    else {//当前珠子颜色与前一个珠子颜色不同
        if (CurrentLen > MaxLen){
            //前一种颜色的珠子为最大串
            MaxLen = CurrentLen;
            MaxColor = CurrentColor;
            MaxStart = CurrentStart;
        }
        CurrentLen = 1;
        CurrentColor = k;
        CurrentStart = pos;
    }
    p = p -> next;
    pos ++;
}
```

//若链表中的最后珠子所在的同色珠串的第一个珠子不是链表的第一个,且最后珠子颜色与第一个珠子颜色相同

```
if(CurrentStart ! = 1 && p -> data == CurrentColor){
    CurrentLen + = FirstColorLen;
}
```

//判断链表中最后珠子所在的串是否比原来的最大串长更长

```
        if(CurrentLen > MaxLen){
            MaxLen = CurrentLen;
            MaxColor = CurrentColor;
            MaxStart = CurrentStart;
        }

    cout <<"Color:"<< MaxColor <<" Len:"<< MaxLen <<" Start:"<< MaxStart << endl;
    return 0;
}
```

# 2.3　课后习题指导

1. 填空题。

（1）在一个单链表中，已知每个结点包含 data 和 next 两个域，q 所指结点是 p 所指结点的直接前驱，若在 q 和 p 之间插入 s 所指结点，则执行_____和_____操作。

答案：q-> next = s;　　s -> next = p;或 s -> next = q-> next;　　q-> next = s;

（2）表长为 $n$ 的顺序表，当在任何位置上插入或删除一个元素的概率相等时，插入一个元素所需移动元素的平均个数为_____，删除一个元素需要移动元素的平均个数为_____。

答案：$n/2$　　$(n-1)/2$

（3）表长为 0 的线性表称为_____。

答案：空表

（4）动态内存管理是操作系统的基本功能之一，其作用是响应用户程序对内存的_____和_____请求。

答案：申请　释放

（5）顺序表多是采用_____实现，是一种随机存取结构，对表中任意结点存取操作的时间复杂度为_____。而查找链表中的结节，需要从头指针起顺着链扫描才能得到，平均时间复杂度为_____。因此，若线性表的操作主要是进行查找，很少进行插入或删除操作时，采用_____表比较合适。

答案：数组　$O(1)$　$O(n)$　顺序

（6）在链表某个位置上进行插入和删除操作，只需要修改_____即可，而无须移动大量元素，操作的时间复杂度为_____。而在顺序表中进行插入和删除操作，往往要移动大量元素，平均移动元素的数目为_____，平均时间复杂度为_____。因此，若对线性表进行频繁的插入和删除操作时，采用_____表相对合适。若插入和删除主要发生在表头和表尾，则采用_____表更为合适。

答案：指针　$O(1)$　表长的一半　$O(n)$　链　循环链

（7）静态链表一般采用_____存储的链表结构。

答案：数组

（8）对于 32 位计算机环境，若单链表中的数据类型为整型，则其存储密度为_____，而若为双链表，则存储密度为_____。若采用顺序表存储数据，则其存储密度为_____。

答案:50% 33% 1

(9) 向量是最常用的容器,STL中向量使用_____实现,因此向量具有_____表的所有特点,可以快速随机存取任意元素。

答案:数组 顺序

(10) 操作系统在运行之初,有一块很大的连续内存块供用户程序申请,通常称为内存池或_____。

答案:堆

(11) 循环链表与单链表的区别仅仅在于其尾结点的链域值不是_____,而是一个指向_____的指针。

答案:NULL(或空指针) 头结点

2. 选择题。

(1) 线性表的顺序存储结构是一种( )的存储结构,线性表的链式存储结构是一种( )的存储结构。

A. 随机存取 索引存取      B. 顺序存取 随机存取

C. 随机存取 顺序存取      D. 索引存取 散列存取

答案:C

(2) 在双向链表p所指结点之前插入s所指结点的操作是( )。

A. p->left = s; s->right = p; p->left->right = s; s->left = p->left;

B. p->right = s; p->right->left = s; s->left = p; s->right = p->right;

C. s->right = p; s->left = p->left; p->left = s; p->left->right = s;

D. s->right = p; s->left = p->left; p->left->right = s; p->left = s;

答案:D

(3) 若链表是利用 C++指针来存储结点的地址,结点空间的分配和收回都是由操作符 new 和 delete 动态执行的,则称该链表为( )链表。

A. 单向      B. 双向      C. 静态      D. 动态

答案:D

(4) 将线性表存储到计算机中可以采用多种不同的方法,按顺序存储方法存储的线性表称为( ),按链式存储方法存储的线性表称为( )。

A. 数组 单链表      B. 顺序表 链表

C. 向量 静态链表      D. 静态链表 动态链表

答案:B

(5) ( )是 STL 中线性表的链式存储形式,STL 标准库中一般采用( )实现。

A. vector 数组      B. list 单链表

C. list 双向循环链表      D. vector 单链表

答案:C

(6) 顺序表的类型定义可经编译转换为机器级。假定每个结点变量占用 $k(k \geqslant 1)$ 字节,$b$ 是顺序表的第一个存储结点的第一个单元的内存地址,那么,第 $i$ 个结点 $a_i$ 的存储地址为( )。

A. $b+k*i$    B. $b+k*(i-1)$    C. $b+k*(i+1)$    D. $b-1+k*i$

答案:B

(7) 在循环链表中,若不使用头指针而改设为尾指针(rear),则头结点和尾结点的存储位置分别是(　　)。

　　A. real 和 rear -> next -> next　　B. rear -> next 和 rear

　　C. rear -> next -> next 和 rear　　D. rear 和 rear -> next

答案:B

(8) 有时为了叙述方便,可以对一些概念进行简称,以下说法错误的是(　　)。

A. 将"指针型变量"简称为"指针"

B. 将"头指针变量"简称为"头指针"

C. 将"修改某指针型变量的值"简称为"修改某指针"

D. 将"p 中指针所指结点"简称为"p 值"

答案:D

(9) 以下说法错误的是(　　)。

A. 对循环链表来说,从表中任一结点出发都能通过向前或向后操作而扫描整个循环链表

B. 对单链表来说,只有从头结点开始才能扫描表中全部结点

C. 双链表的特点是找结点的前驱和后继都很容易

D. 对双链表来说,结点 *p 的存储位置既存放在其前驱结点的后继指针域中,也存放在它的后继结点的前驱指针域中

答案:A

(10) 以下说法正确的是(　　)。

A. 顺序存储方式的优点是存储密度大,且插入、删除运算效率高

B. 链表的每个结点中都至少包含一个指针

C. 线性表的顺序存储结构优于链式存储结构

D. 顺序存储结构属于静态结构,链式结构属于动态结构

**解析**:静态链表是链式结构,但属于静态存储结构。

答案:B

(11) 单链表中,增加头结点的目的是为了(　　)。

A. 使单链表至少有一个结点

B. 标示表结点中首结点的位置

C. 方便运算的实现

D. 说明单链表是线性表的链式存储实现

答案:C

3. 程序题。

(1) 已知 L 指向带表头结点的非空单链表的头结点,且 p 结点既不是首结点,也不是尾结点,试从下列提供的答案中选择合适的语句序列:

　　a. 删除 p 结点的直接后继结点的语句序列是 _____。

　　b. 删除 p 结点的直接前驱结点的语句序列是 _____。

　　c. 删除 p 结点的语句序列是 _____。

　　d. 删除首结点的语句序列是 _____。

　　e. 删除尾结点的语句序列是 _____。

| (1) delete Q; | (8) P→next = P→next→next |
|---|---|
| (2) Q = P | (9) P = P→next |
| (3) L = L→next | (10) while(P→next ! = Q) P = P→next; |
| (4) P = L | (11) while(P ! = NULL) P = P→next; |
| (5) Q = P→next | (12) while(Q→next ! = NULL)  {P = Q; Q = Q→next;} |
| (6) P→next = P | (13) while(P→next→next ! = NULL) P = P→next; |
| (7) P = P→next→next | (14) while(P→next→next ! = Q) P = P→next; |

答案:a. 5 8 1

b. 2 4 14 5 8 1

c. 2 4 10 8 1

d. 4 5 8 1

e. 4 13 5 8 1

(2) 已知 p 结点是某双向链表的中间结点,试从下面语句〔(1)~(18)〕中选择合适的语句序列,完成 a~e 要求的操作。

a. 在 p 结点后插入 s 结点的语句序列是 _____。

b. 在 p 结点前插入 s 结点的语句序列是 _____。

c. 删除 p 结点的直接后继结点的语句序列是 _____。

d. 删除 p 结点的直接前驱结点的语句序列是 _____。

e. 删除 p 结点的语句序列是 _____。

| (1) p→next = p→next→next; | (10) p→prior→next = p; |
|---|---|
| (2) p→prior = p→prior→prior; | (11) p→next→prior = p; |
| (3) p→next = s; | (12) p→next→prior = s; |
| (4) p→prior = s; | (13) p→prior→next = s; |
| (5) s→next = p; | (14) p→next→prior = p→prior; |
| (6) s→prior = p; | (15) q = p→next; |
| (7) s→next = p→next; | (16) q = p→prior; |
| (8) s→prior = p→prior; | (17) delete p; |
| (9) p→prior→next = p→next; | (18) delete q; |

答案:

a. 7 6 12 3

b. 5 8 13 4

c. 15 1 11 18

d. 16 2 10 18

e. 14 9 17

4. 分析以下各程序段的执行结果。

(1) 程序段一

vector < int > ivec(2,100);

```
ivec.push_back(3);
ivec.insert(ivec.begin(),10);
vector < int >::iterator it = ivec.begin();
ivec.erase( ++ it);
ivec.pop_back();
ivec.insert(ivec.end(),20);
for (it = ivec.begin(); it != ivec.end(); it ++ ) cout << * it <<" ";
cout << endl;
```

答案:

10 100 20

分析:开始时容器中有 100 100,然后为 100 100 3,10 100 100 3,10 100 3,10 100,10 100 20

(2)程序段二

```
int a[] = {1,2,3,4,5};
vector < int > ivec(a, a + 5);
cout <<"1.size:"<< ivec.size()<< endl;
ivec.resize(100);
cout <<"2.size:"<< ivec.size()<< endl;
for (int j = 0; j < 95; j ++ ) ivec.insert(ivec.end(),j);
cout <<"3.size:"<< ivec.size()<< endl;
ivec.resize(100);
ivec.reserve(20);
cout <<"4.size:"<< ivec.size()<< endl;
```

答案:1. size:5

2. size:100

3. size:195

4. size:100

(3) 程序段三

```
int a[] = {1,2,3,4,5};
list < int > ilist(3,2);
ilist.assign(a,a + 5);
ilist.pop_back();                //1 2 3 4
ilist.insert(ilist.end(),7); //1 2 3 4 7
ilist.pop_front();               //2 3 4 7
ilist.front() = 20;              //20 3 4 7
ilist.sort();                    //3 4 7 20
for (list < int >::iterator it = ilist.begin(); it != ilist.end(); it ++ )
    cout << * it <<" ";
cout << endl;
```

答案:3 4 7 20

5. 算法设计。

(1) 分别编程实现顺序表类和链表类,并设计完整的测试程序对每个接口进行测试。

**解析:**两个类的设计和实现可完全参照教材顺序表模板类 SeqList 和链表模板类 LinkList 类的实现。测试程序可参考教材 2.2.3 小节的例子。在此不再给出具体代码。

(2) 设 $A=(a_1,a_2,a_3,\cdots,a_n)$ 和 $B=(b_1,b_2,\cdots,b_m)$ 是两个线性表(假定所含数据元素均为整数)。若 $n=m$ 且 $a_i=b_i(i=1,\cdots,n)$,则称 $A=B$;若 $a_i=b_i(i=1,\cdots,j)$ 且 $a_{j+1}<b_{j+1}(j<n\leqslant m)$,则称 $A<B$;在其他情况下均称 $A>B$。试编写一个比较 $A$ 和 $B$ 的算法,当 $A<B,A=B$ 或 $A>B$ 时分别输出 $-1,0$ 或者 1。

**解析:**使用顺序表存储时,算法设计比较简单。在这里给出使用带头结点的单链表的比较算法。设链表的表头指针可以通过类中的成员函数 Node<T> * GetFront(){return front;} 获得。

```
int compare(LinkList < int > &A, LinkList < int > &B)
{
    Node < int > * p = A.GetFront() - > next;
    Node < int > * q = B.GetFront() - > next;
    while (p && q)
    {
        if (p - > data == q > data){p = p - > next; q = q - > next;}
        else if (p - > data > q - > data) return 1;
        else return - 1;
    }
    if (p) return 1;
    else if (q) return - 1;
    else return 0;
}
```

(3) 假设有两个按数据元素值递增有序排列的线性表 $A$ 和 $B$,均以单链表作存储结构。编写算法将 $A$ 表和 $B$ 表归并成一个按元素值递减有序(即非递增有序,允许值相同)排列的线性表 $C$,并要求利用原表(即 $A$ 表和 $B$ 表的)结点空间存放表 $C$。

**解析:**显然,$A$ 表和 $B$ 表前面的元素会在 $C$ 表的后面,因此构造 $C$ 表可采用头插法构建单链表的思想。设链表的表头指针可以通过类中的成员函数 Node<T> * GetFront(){return front;} 获得。算法如下:

```
//A,B 是已有的两个链表,C 是一个空链表
void Merge(LinkList < int > &A, LinkList < int > &B, LinkList < int > & C)
{
    Node < int > * front = C.GetFront();
    Node < int > * p = A.GetFront() - > next;
    A.GetFront() - > next = NULL;
    Node < int > * q = B.GetFront() - > next;
```

```
        B.GetFront() - > next = NULL;
    Node < int > * k;
    while (p && q){
            if (p - > data < = q - > data){
                //p 头插法插入到新的链表中
                k = p - > next；
                p - > next = front - > next；
                front - > next = p；
                p = k；
            }
            else{
                //q 头插法插入到新的链表中
                k = q - > next；
                q - > next = front - > next；
                front - > next = q；
                q = k；
            }
        }
    while (p){
        //p 头插法插入到新的链表中
        k = p - > next；
        p - > next = front - > next；
        front - > next = p；
        p = k；
    }
    while (q){
        //q 头插法插入到新的链表中
        k = q - > next；
        q - > next = front - > next；
        front - > next = q；
        q = k；
    }
}
```

（4）试分别以顺序表和单链表作为存储结构,各写一个实现线性表的就地（即使用尽可能少的附加空间）逆置的算法,在原表的存储空间内将线性表$(a_1,a_2,\cdots,a_{n-1},a_n)$逆置为$(a_n, a_{n-1},\cdots,a_2,a_1)$。

**解析:** 在顺序表模板类中加入一个成员函数完成逆置操作。

```
template < class T >
void SeqList < T >::Reverse()
```

```
{
    for (int i = 0;i < length/2;i + + )//交换前后 2 个元素
    {
        data[i] + = data[length - 1 - i];
        data[length - 1 - i] = data[i] - data[length - 1 - i];
        data[i] = data[i] - data[length - 1 - i];
    }
}
```

在单链表模板类中加入一个成员函数完成逆置操作。

```
template < class T >
void LinkList < T >::Reverse()
{
    Node < T > * p = front - > next;
    Node < T > * q;
    front - > next = NULL;
    while (p){
        q = p - > next;
        p - > next = front - > next;
        front - > next = p;
        p = q;
    }
}
```

（5）假设在长度大于 1 的循环链表中,既无头结点也无头指针。s 为指向链表中某个结点的指针,试编写算法删除结点 * s 的直接前驱结点。

**解析：**

```
template < class T >
void CLinkList < T >::DeletePreNode(Node < T > * s)
{
    Node < T > * p = s;
    //得到 s 的结点的前一个结点的前一个结点
    while (p - > next - > next ! = s) p = p - > next;
    //删除 p - > next 指向的结点
    Node < T > * q = p - > next;
    p - > next = s;
    delete q;
}
```

（6）已知一单链表中的数据元素含有三类字符(即:字母字符、数字字符和其他字符)。试编写算法,构造三个循环链表,使每个循环链表中只含同一类的字符,且利用原表中的结点空间作为这三个表的结点空间(头结点可另辟空间)。

解析:题目要求利用原表中的结点空间作为这三个表的结点空间,则操作完成后,原表应该变为空表。

```
//设 A 为原表,C,N,O 分别为用于存储字母字符、数字字符和其他字符的空表。
//设链表的表头指针可以通过类中的成员函数 Node<T>* GetFront(){return front;}获得。
void Classify(LinkList<char>&A, LinkList<char>& C, LinkList<char>&N, LinkList<char>& O){
    Node<char>* p = A->GetFront()->next;
    A->GetFront()->next = NULL;
    Node<char>* rc = C->GetFront();
    Node<char>* rn = N->GetFront();
    Node<char>* ro = O->GetFront();
    Node<char>* q;
    while(p){
        q = p->next;
        if(p->data>='A'&&p->data<='Z'||p->data>='a'&&p->data<='z'){
            rc->next = p;
            rc = rc->next;
        }
        else if(p->data>='0'&&p->data<='1'){
            rn->next = p;
            rn = rn->next;
        }
        else{
            ro->next = p;
            ro = ro->next;
        }
        p = q;
    }
    rc->next = NULL;
    rn->next = NULL;
    ro->next = NULL;
}
```

(7) Josephus 环问题。任给正整数 $n,k$,按下述方法可得排列 $1,2,\cdots,n$ 的一个置换:将数字 $1,2,\cdots,n$ 环形排列(如图 1-2-6 所示),按顺时针方向从 1 开始计数,计满 $k$ 时输出该位置上的数字(并从环中删去该数字),然后从下一个数字开始继续计数,直到环中所有数字均被输出为止。例如,$n=10,k=3$ 时,输出的置换是 $3,6,9,2,7,1,8,5,10,4$。试编写一算法,对输入的任意正整数 $n$、$k$,输出相应的置换数字序列。

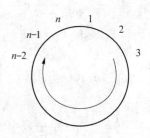

图 1-2-6 Josephus 环

解析:Josephus 环中的数据可以采用顺序表、单链表或循环链表存储。在这里采用不带头结点的循环链表进行存储。为了简化代码,在这里没有使用主教材中的循环链表的模板类 CLinkList,而是完全设计了一个简单的循环链表类来处理此问题。

```cpp
#include <iostream>
using namespace std;

//定义循环链表结点结构
class Node{
public:
    Node(int i):data(i),next(0){}
    int data;
    Node * next;
};
Node * createList(int n){
    Node * first, * p;
    for (int i = 1;i <= n;i ++){
        if (i == 1) p = first = new Node(i);
        else{
            Node * q = new Node(i);
            p -> next = q;
            p = p -> next;
        }
    }
    p -> next = first;
    return first;
}
void Josephus(Node * first, int k)
{
    Node * p = first;
    Node * q = p -> next;
    int i = 1;
    while (p! = q){
        if (i! = k){
            p = q;
            q = p -> next;
            i ++;
        }
        else{
            cout << p -> data << " ";
            p -> data = q -> data;
            p -> next = q -> next;
```

```
        delete q;
        q = p -> next;
        i = 1;
      }
    }
  cout << p -> data << endl;
}
int main()
{
  int n,k;
  cout <<"please input n,k:"<< endl;
  cin >> n >> k;
  //构造不带头结点的循环单链表
  Node * first = createList(n);
  //约瑟夫环算法
  Josephus(first, k);
  return 0;
}
```

## 2.4 练 习 题

1. 填空题。

(1) 在 $n$ 个元素的顺序表中删除一个元素,需平均移动_____个元素。

(2) 向量 vector 是 STL 中最常用的容器,STL 中向量使用_____存储结构实现,列表 list 使用_____存储结构实现。

(3) 长度为 $n$ 的顺序表,等概率条件下,查找成功时,按序号查找的平均查找次数为_____,按值查找的平均查找次数为_____,在该表中插入一个元素,需平均移动_____个元素。

2. 选择题。

(1) 在一个单链表中,已知 q 所指结点是 p 所指结点的直接前驱,若在 q 和 p 之间插入 s 所指的结点,则执行( )操作。

A. s -> next = p -> next; p -> next = s;

B. p -> next = s; s -> next = q;

C. p -> next = s -> next; s -> next = p;

D. q -> next = s; s -> next = p;

(2) 以下说法正确的是( )。

A. 顺序存储方式的优点是存储密度大,且插入、删除运算效率高

B. 链表的每个结点中都至少包含一个指针

C. 线性表的顺序存储结构优于链式存储结构

D. 顺序存储结构属于静态结构,链式结构属于动态结构

(3) 已知使用顺序表存储数据,表长为 $n$,假设在表中的任意位置删除元素的概率相等,则删除一个元素,平均需要移动的元素个数为(　　)。

A. $(n-1)/2$ 　　　　B. $n/2$ 　　　　C. $(n+1)/2$ 　　　　D. 不确定

(4) 在双向链表 p 所指结点之后插入 s 所指结点的操作是(　　)。

A. p→right = s; s→left = p; p→right→left = s; s→right = p→right;

B. p→right = s; p→right→left = s; s→left = p; s→right = p→right;

C. s→left = p; s→right = p→right; p→right = s; p→right→left = s;

D. s→left = p; s→right = p→right; p→right→left = s; p→right = s;

3. 简答题(选择正确的答案填在横线上)。

已知 L 是带头结点的单链表,表头指针为 H,如图 1-2-7 所示。

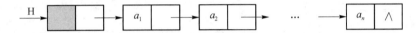

图 1-2-7　带头结点的单链表 L

(1) 如果在表头插入一个结点(s 为指向该结点的指针),则相应的代码是_____;

(2) 如果在表头删除一个结点,则相应的代码是_____;

(3) 如果在表尾插入一个结点(s 为指向该结点的指针),则相应的代码是_____。

A. while(p! = NULL) p = p->next;

B. s->next = H->next;

C. p->next = s;

D. s->next = p->next;

E. H->next = s;

F. Node * p = H->next;

G. H->next = p->next;

H. while(p->next! = NULL) p = p->next;

I. p->next = NULL

J. Node * p = H;

K. delete p;

L. delete H;

4. 程序题。

已知指针 Front 指向单链表的头结点,该单链表是升序有序排列,如图 1-2-8 所示,插入一个新结点 s,并让插入后的单链表仍然有序,请填写相应的代码完成下列操作:

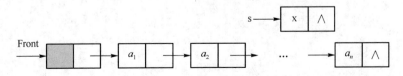

图 1-2-8　带头结点的单链表示意图

已知结点结构如下：

```
struct Node
{
    int      data;
    Node *   next;
};
void InsertList(Node * front, Node * s)
{
    Node * p = front;
    Node * q ;
    while (_____)
    {
        q = p -> next;
        if (_____)            //判断插入的位置
        {
            _____ ;           //插入结点 s
            _____;
            break;
        }
        _____;                //指针下移
    }
}
```

# 第3章
# 栈、队列和串

## 3.1 本章导学

### 3.1.1 知识点 MAP 图

本章的知识点 MAP 图如图 1-3-1 所示,其中第 3 层代表了本章学习的主线。

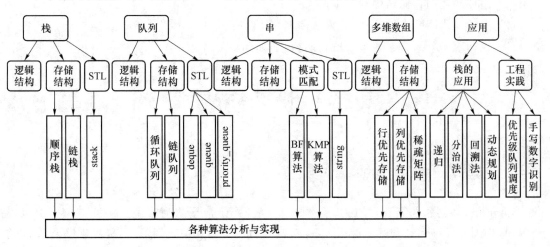

图 1-3-1  知识点 MAP 图

### 3.1.2 学习重点

本章介绍了三种特殊的线性表——栈、队列、串和多维数组。它们的特殊性表现在:栈是只在表的一端进行插入或删除的线性表。队列是只在表的一端进行插入,在表的另一端进行删除的线性表。串是表中元素为单个字符的线性表。多维数组是相同数据组成的 $k$ 个线性约束的线性表。

对于每种特殊线性表,都可以采用顺序存储结构和链式存储结构进行存储。存储数据一旦确定,就可以对其操作算法进行设计和实现。对于栈和队列,主要的操作算法是插入和删除操作,在栈结构中称为入栈(或称进栈)和出栈(或称退栈),在队列结构中称为入队和出队。对于串,其操作比较多,例如,串赋值、串连接、求子串、插入子串、删除子串、子串替换、求串长、子串定位等。其中子串定位操作也称为串的模式匹配算法,其目的是判断一个子串在主串中的位置。BF 算法是最简单的串模式匹配算法,效率不高。此外,像 KMP 算法、BM 算法等都是比较高效的串模式匹配算法。对于多维数组主要的操作是存取操作,通过按行优先存储和按列优先可以存储 $k$ 维线性结构,但其应用最广泛的却是二维结构即我们常说的矩阵,其中稀疏矩阵的表示、存储和操作应用最为广泛。

因此,本章的学习重点包括以下内容:

(1) 顺序栈的存储结构和基本操作;

(2) 链栈的存储结构和基本操作;

(3) 循环队列的存储结构和基本操作;

(4) 链队列的存储结构和基本操作;

(5) 串的模式匹配操作——BF 算法和 KMP 算法;

(6) 多维数组的存储结构;

(7) 稀疏矩阵的存储和基本操作;

(8) 栈的应用算法——递归、分治、回溯、动态规划。

本章的学习难点包括以下内容:

(1) 循环队列的存储结构和基本操作;

(2) 串的模式匹配操作——BF 算法和 KMP 算法;

(3) 栈的应用算法——递归、分治、回溯、动态规划。

# 3.2  扩展学习

## 3.2.1  用队列实现 Josephus 环问题

Josephus 环问题在第 2 章的课后习题中已经介绍。应用队列实现 Josephus 环问题更为简单,只是因元素移动导致效率较低。在实现时,首先进行初始化,将序列全部顺序入队,并令计数器为 0,然后依次出队,每出队一个元素进行计数器加 1 操作。当计数器为 $k$ 时,输出出队元素,并将计数器重新置为 0;若计数器不为 $k$,则元素出队后再入队。重复此过程,直到队列为空。

代码如下:

```
#include "iostream"
#include "queue"
using namespace std;
void Josephus(int n, int k)
{
```

```
        queue < int > s;
        int i = 1;
        while(i <= n)   s.push(i++);
        i = 0;
        while(!s.empty()){
            int p = s.front();
            s.pop();
            i++;
            if(i == k) {
                cout << p << " ";
                i = 0;
            }
            else
                s.push(p);
        }
        cout << endl;
    }
    int main()
    {
        int n,k;
        cout << "please input n,k:" << endl;
        cin >> n >> k ;
        //约瑟夫环算法
        Josephus(n, k);
        return 0;
    }
```

## 3.2.2　深入理解递归

　　在数学与计算机科学中,递归是指在函数的定义中直接或间接地使用函数自身的方法。很多实际问题都可以应用递归进行描述。而这些问题在采用计算机处理时既可以采用递归处理,也可以采用非递归方法进行处理。

　　在表述递归问题时,对于最简单的情况,可直接描述为如何直接处理。对于其他情况,则表示为递归的表示形式。下面给出问题的典型递归描述:

$$F(n) = \begin{cases} 最简单情况处理 \\ g(F(p_i(n))),一般递归过程 \end{cases}$$

其中,$F(n)$表示要描述问题规模为$n$的递归问题,$p_i(n)$表示问题规模$n$在完成一次递归操作后的变化。例如$p_i(n)$表示为$n-1,n+1,n/2$等。$g(F(p_i(n)))$表示若干个$F(p_i(n))$的某种组合运算。下面给出一些常见的递归问题描述:

（1）阶乘（factorial）描述：

$$F(n) = \begin{cases} 1, n = 1 \\ n * F(n-1), 一般递归过程 \end{cases}$$

（2）斐波那契（Fibonacci）数列描述：

$$F(n) = \begin{cases} 1, n = 1 \text{ 或 } n = 2 \\ F(n-1) + F(n-2), 一般递归过程 \end{cases}$$

（3）序列 $a$ 中所有元素构成的所有全排列表示：

$$F(a_1, \cdots, a_n) = \begin{cases} 1, n = 1 \\ \{\{a_1, F(a_2, \cdots, a_n)\}, \{a_2, F(a_1, a_3, \cdots, a_n)\}, \\ \{a_3, F(a_1, a_2, a_4, \cdots, a_n)\}, \cdots, \\ \{a_{n-1}, F(a_1, \cdots, a_{n-2}, a_n)\}, \{a_n, F(a_1, \cdots, a_{n-1})\}\} \end{cases} \quad 一般递归过程$$

（4）0-1 背包问题：给定 $N$ 个物品和一个背包。物品 $i$ 的重量是 $W_i$，其价值为 $V_i$，背包的最大承重量为 $C$。如何选择装入背包的物品，使得装入背包的物品的总价值为最大。该问题的递推公式为

$$V(i,j) = \begin{cases} 0, i = 0 \text{ 或 } j = 0 \\ V(i-1, j), j < w_i \\ \max\{V(i-1, j), V(i-1, j-w_i) + v_i)\}, j > w_i \end{cases}$$

上式中，$V(i,j)$ 表示在前 $i(1 \leqslant i \leqslant n)$ 个物品中能够装入容量为 $j(1 \leqslant j \leqslant C)$ 的背包中的物品的最大价值。

采用递归方法处理问题时，一般的处理过程如下：

if(最简单情况或不再需要递归)

    直接处理

else

    递归调用一个较简单的情况

上述处理过程实际上与问题的递归描述是对应的，这也给我们一点启示，当采用递归算法求解问题时，若能够找出问题的递归描述或递推公式，便可以根据此描述或公式设计程序中的递归函数。例如，在分析动态规划问题时，设计问题的递推公式是关键。

在递归算法执行过程中，当前递归函数执行到又调用递归函数时，根据函数调用的基本原理，当前递归函数中的临时变量等活动记录信息被保存到当前栈中，被调用的新递归函数的活动记录入栈形成新的栈顶。而设计栈操作的这一过程是由操作系统自动完成的，不需要程序设计者考虑。

在递归问题的实际处理中，也可以采用非递归处理算法解决，而且常常非递归算法的处理效率要优于递归算法的处理效率。例如，在本书第 1 章分析斐波那契序列递归算法时间复杂度的示例中与非递归算法进行了简单的分析。采用非递归算法处理递归问题时，栈的操作常常由程序设计者进行设计，多采用循环操作，每次循环中操作栈的变化。当前，对于简单的问题，栈的操作被弱化为简单的程序语句。下面给出一个简单的例子。

**例 3.1**　计算 $1 + 2 + \cdots + n$。

**解析**：首先设计递归算法如下：

```
int sum(int n)
```

```
{
    if(n == 1) return 1;
    else return n + sum(n - 1);
}
```

依据递归算法处理过程,设计采用栈的非递归算法:

```
int sum(int n)
{
    stack < int > s;
    for(int i = n;i > 0;i --)
        s.push(i);    //模拟递归算法中栈的变化
    int mysum = 0;
    while(!s.Empty()){
        mysum += s.top();
        s.pop();
    }
    return mysum;
}
```

设计优化后的非递归算法:

```
int sum(int n)
{
    int mysum = 0;
    for(int i = 1;i <= n;i ++)
        mysum += i;
    return mysum;
}
```

在实际应用中,很多问题的非递归算法往往也需要程序设计人员进行精心设计。

### 3.2.3　回溯法

回溯法也称为探测法,是一种利用不断探测进行问题求解的方法。它的基本思想是选优搜,即按照深度优先搜索的策略,从起始点出发,按选优条件向前搜索,以达到目标。但当探索到某一步时,要先判断该步是否包含问题的解,发现走到该步时并不优或达不到目标,就退回一步重新选择。

回溯法在发现当前步骤不可行后,需要回退,因此可采用递归处理或栈操作。若用回溯法求问题的所有解,要回溯到起始点,且从起始点开始的所有可行路线都要被搜索过才结束。若使用回溯法求任意一个解时,只要搜索到问题的一个解就可以结束。

显然,回溯法是一种暴力求解方法,往往用来求解非多项式时间问题(又称为 NP 问题),如八皇后问题、迷宫问题等。其时间复杂度往往是指数级或阶乘级,因此其计算量是相当大的。在实际应用中,回溯法可以方便地求解问题规模较小的问题。对于问题规模较大的问题,需要多考虑一些剪枝策略,尽可能提前判断探索终止条件,以提高处理效率。

下面给出一个应用回溯法解决排列问题的简单示例。

**例 3.2** 给出正整数数字 $n$,打印出 $1 \sim n$ 所有可能的排列。若 $n = 3$,则所有排列为

$$1\ 2\ 3$$
$$1\ 3\ 2$$
$$2\ 1\ 3$$
$$2\ 3\ 1$$
$$3\ 1\ 2$$
$$3\ 2\ 1$$

**解析:** 显然,排列的数量为 $n!$,可以采用递归算法或非递归算法解决。

下面首先给出递归算法求解过程。前面已给出问题的递推公式:

$$F(a_1, \cdots, a_n) = \begin{cases} 1, n = 1 \\ \{\{a_1, F(a_2, \cdots, a_n)\}, \{a_2, F(a_1, a_3, \cdots, a_n)\}, \\ \{a_3, F(a_1, a_2, a_4, \cdots, a_n)\}, \cdots, \\ \{a_{n-1}, F(a_1, \cdots, a_{n-2}, a_n)\}, \{a_n, F(a_1, \cdots, a_{n-1})\}\} \end{cases} \quad \text{一般递归过程}$$

设 $1, 2, \cdots, n$ 构成的全排列为 $\{F(1, 2, \cdots, n)\}$,只需计算 $\{1, F(2 \sim n)\}, \{2, F(1, 3 \sim n)\}, \cdots,$ $\{n, F(1 \sim n-1)\}$。按此递归过程不难给出算法描述:

设函数输入参数分别为整个数组首地址 $b$,要计算全排列的当前数组首地址 $a$ 和长度 $n$。

(1) 若当前排列的长度 $n$ 为 1,则打印整个数组 $b$。

(2) 否则,循环处理当前数组 $a$ 第 $i$ 个元素:

① 将第 $i$ 个元素与数组 $a$ 下标为 0 的元素交换。

② 调用递归函数,参数分别为 $b, a+1, n-1$。

③ 将数组 $a$ 中刚才交换的两个元素交换回来。

具体代码如下:

```
/ * * * 打印数组 * * * /
void printArray(int * b, int * a, int n)
{
    for(int k = 0;(b + k)! = a;k + + ){
        cout << * (b + k)<<" ";
    }
    cout << * a << endl;
}
/ * * * 递归函数 * * *
 * * * b 表示存储数据的数组地址 * * *
 * * * a 表示当前进行全排序的数据地址 * * *
 * * * n 表示当前进行全排序的数据长度 * * * /
void F(int * b, int * a, int n)
{
```

```
    if(n == 1) {
        printArray(b,a,n);
        return;
    }
    for(int i = 0;i < n;i ++ )
    {
        int k = a[i];
        a[i] = a[0];
        a[0] = k;
        F(b,a + 1,n - 1);
        a[0] = a[i];
        a[i] = k;
    }
}
/ *** 主函数 *** /
int main()
{
    int n = 0;
    cout <<" Please input n:"">> endl;
    cin >> n;
    if(n > 0) {
        int * a = new int [n];
        for(int i = 0;i < n;i ++ ) a[i] = i + 1;
        F(a,a,n);
        delete [] a;
    }
    return 0;
}
```

读者也可以设计采用其他参数的递归函数解决此问题。

下面考虑采用非递归算法处理该问题。通过分析递归算法可知,问题处理思路是每次循环中从前往后固定一个位置上的元素。开始时,固定第一个位置上的元素。接下来继续处理,固定第二个位置上的元素,约束条件是不能与前面的元素相同。不断重复此过程,直到前 $n$ 个位置上的元素都固定,则进行打印。打印完后,自后往前依次去除最后一个元素,直到去除元素后还可以再找到下一个元素放到此位置。然后继续放置后续元素,直到所有元素都放置其中。

算法描述如下:

(1) 初始化操作:设栈 $s$ 最多存储 $n$ 个元素,将要入栈的元素下标 $k$ 初始化为 0。

(2) 进行如下循环,直到 $s$ 为空或找不到合适元素($k == -1$):

① $k$ 入栈。

② $k$ 设置为最后一个元素下标:$k = n - 1$。

③ 寻找栈中未存储的 $k$ 的下一个循环下标,则将其入栈,直到找不到栈中未存储的下标。

④ 此时,栈中存储了一种元素排列的下标,可打印此排列。

⑤ 若栈不为空,重复如下操作:

a. $s$ 出栈,取栈中未存储的出栈元素的下一个较大下标,赋值给 $k$。

b. 若 $k$ 不为 $-1$,终止循环。

具体代码如下:

```cpp
# include "iostream"
using namespace std;
class MyStack{
public:
    MyStack(int n):N(n),k(-1){a = new int[N];}
    ~MyStack(){if(a) delete [] a; }
    bool full(){return k == N-1? true:false;}
    bool empty(){return k ==-1? true:false;}
    void push(int i){if(k>N-1) throw "Overflow"; a[++k] = i;}
    int pop(){if(k<0) throw "Underflow";return a[k--];}
    bool checkIn(int i){
        for(int j = 0;j<=k;j++){
            if(a[j] == i) return true;
        }
        return false;
    }
    int getNext(int i){
        if(full()) return -1;
        int j = i;
        do {
            j++;
            if(j>N-1) j = 0;
            if(! checkIn(j)) return j;
        }while(j!= i);
        return -1;
    }
    int getGreater(int i){
        int j = i;
        do {
            j++;
            if(j>N-1) return -1;
        }while(checkIn(j));
        return j;
    }
```

```
    int * a;
    int k;
    int N;
};
void printArray1(int * a,MyStack &s)
{
    for(int i = 0;i < s.N;i ++ )
        cout << a[s.a[i]]<<" ";
    cout << endl;
}
/ * * * 非递归函数 * * * /
void permutation(int * a,int n)
{
    MyStack s(n) ;
    int k = 0;
    do
    {
        s.push(k);
        k = n - 1;
        while((k = s.getNext(k))! = - 1) s.push(k);
        printArray(a,s);
        while(! s.empty()){
            k = s.getGreater(s.pop());
            if(k! = - 1) break;
        }
    }
    while(! s.empty() || k! = - 1);
}
int main(int argc, char * argv[])
{
    int a[] = {1,12,3,4,0};
    permutation(a,sizeof(a)/sizeof(int));
    return 0;
}
```

## 3.2.4　C++中多维数组存储

C/C++中存储多维数组都是按行优先存储的。无论实际数组维数有多少,在计算机内存中都是按一维结构进行顺序存储的。

对于一维数组,在内存中从数组名所代表的起始地址开始,按下标次序存储,如果定义:

```
int d1[5];
```

则该数组在内存中的存储映像如图 1-3-2(a)所示,数组的第 $i$ 个元素在内存中的起始位置相对于数组名所代表的地址偏移了 $i$ 个 int 型变量空间大小。

对于二维数组,在内存中从数组名所代表的起始地址开始,按行优先依次存储,如果定义:

```
int d2[2][3];
```

则该数组在内存中的存储映像如图 1-3-2(b)所示,数组的第 $i$ 行第 $j$ 列元素在内存中的起始位置相对于数组起始地址偏移了**"行号×列数＋列号"**个 int 型变量空间大小,例如,元素 $d2[i][j]$ 的起始地址可以表示为:$\&d2[0][0]+(i\times3+j)$,其中 $\&d2[0][0]$ 表示数组的起始地址,$(i\times3+j)$ 是该数组元素相对于起始地址偏移的单元数,具体的地址值计算要考虑每个单元的字节数。二维数组实际上是一维数组的一维数组。二维数组 d2 可视为有 2 个元素 d2[0] 和 d2[1] 的一维数组,而 d2[0] 和 d2[1] 都是一维数组,各有 3 个元素。设 p 指针指向 d2 数组的第一个元素,定义如下:

```
int * p = &d2[0][0];
```

则 d2[i][j] 与 p[i*3+j]、*(p+i*3+j)、*(d2[i]+j) 是等价的。

对于三维数组,在内存中从数组名所代表的起始地址开始,按页、行、列依次存储,即按使数组元素最右边的下标值最快地变化来存储。如果定义:

```
int d3[2][3][2];
```

则该数组在内存中的存储映像如图 1-3-2(c)所示,数组的第 $k$ 页第 $i$ 行第 $j$ 列元素在内存中的起始位置相对于数组起始地址偏移了**"页号×(行数×列数)＋行号×列数＋列号"**个 int 型变量空间大小,例如元素 $d3[k][i][j]$ 的起始地址为:$\&d3[0][0][0]+(k\times3\times2+i\times2+j)$。

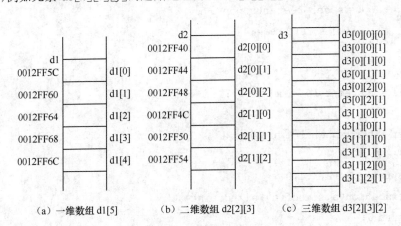

(a) 一维数组 d1[5]　　　(b) 二维数组 d2[2][3]　　　(c) 三维数组 d3[2][3][2]

图 1-3-2　数组在内存存储映像示意图

对于多维数组,编程时指定数组元素的下标,即可访问到相应的元素,而不必关心它的元素是几维数组。

### 3.2.5　大数组存储探讨

我们知道计算机的内存是一维的结构,因此,在存储二维或高维数组时,需要找到将高维数据转换成一维数据进行存储的方法。教材给出了基本的按行优先和按列优先两种方法,并且两种方法都将数组元素存储到连续的一维空间中。

在实际应用中,有时数组元素数量非常大,例如 2 维浮点型数组 $A[10000][10000]$ 就有 $10^8 \approx 95$ M 个元素,若每个元素占 8 字节,则存储所有元素需要约 760 M 字节。我们知道计算机的堆内存是由若干已用内存块和空闲内存块构成的,若计算机的堆内存中已经没有如此大的连续空闲内存空间,则采用一次申请整块连续内存空间的方法来存储所有数据将不能成功。但是,如果堆内存中所有空闲内存空间加在一起还是可以存储该矩阵元素,则可以采用多次申请空闲内存空间的方法来存储所有数据元素。下面给出具体示例。

**例 3.3** 试申请可以存储双精度浮点型数组 $A[10000][10000]$ 所有元素的内存空间。

**解:**

我们知道,在 C/C++ 程序的函数中,直接使用 double $A[10000][10000]$ 定义大数组是不允许的,因为栈空间比较小,不能存储太大的数组。

若将 $A$ 数组定义为静态数组或全局数组,则有可能会成功。但若计算机内存中已经没有如此大的连续空闲空间,则也会失败。同样道理,若直接采用如下语句也可能会因为堆空间中没有这么大的连续空闲空间而失败:

```
double * p = new double [10000 * 10000];
```

为此,可以采用连续申请 10 000 次内存空间,每块空间存储 10 000 个双精度浮点型元素的方法。考虑到每次申请的空间首地址需要存储到一个指针中,因此首先申请可以存储 10 000 个指针的一维动态数组。具体代码如下:

```
try{
    double ** p = new double * [10000];
    memset (p, 0, 10000 * sizeof(double * ));
    for (int i = 0; i < 10000; i++){
        p[i] = new double [10000];
    }
}
catch(bad_alloc &memExp)
{
    // 失败
    cerr << memExp.what()<< endl;
}
```

这样,使用 p[i][j] 就可以访问第 $i$ 行第 $j$ 列的元素了。

当需要释放整个存储空间时,可采用如下代码处理:

```
for (int i = 0; i < 10000; i++){
    if (p[i]) delete [] p[i];
}
delete [] p;
```

下面再给一个实际应用的例子。

**例 3.4** 设在平面空间中有 10 000 个点,如何存储所有点两两之间的距离,如何获取任意两点之间的距离?

**解:**

在 10 000 行 10 000 列的二维数组中,可存储 10 000 个点两两之间的距离,因此该例与上例类似,只不过这个二维数组所对应的矩阵是对称的,且对角线上元素的值为 0。因此可只存储上三角或下三角元素即可,且不需要存储对角线元素。

申请仅存储下三角元素的内存代码如下:

```
double ** p = NULL;
try{
    p = new double * [10000];
    memset (p, 0,10000 * sizeof(double * ));
    for (int i = 1; i < 10000; i ++ ){
        p[i] = new double [i];
    }
}
catch(bad_alloc &memExp)
{
    // 失败
    cerr << memExp.what()<< endl;
}
```

所有距离存储后,获取任意两点之间的距离函数如下:

```
double getDistance(int i, int j, double ** p )
{
    if (i < 0 || i >= 10000 || j < 0 || j >= 10000) throw ˝Error˝;
    if (i == j) return 0;
    if (i > j) return p[i][j];
    else return p[j][i];
}
```

# 3.3　课后习题指导

1. 填空题。

(1) 栈的进出原则是_____,队列的进出原则是_____。

答案:后进先出(LIFO)　先进先出(FIFO)

(2) 设 32 位计算机系统中,空栈 S 存储 int 型数据,栈顶指针为 1024H。经过操作序列 push(1),push(2),pop,push(5),push(7),pop,push(6)之后,栈顶元素为_____,栈底元素

为_____,栈的高度为_____,输出序列为_____,栈顶指针为_____ H。

答案:6　1　3　2,7　1030

(3) 两栈共享存储空间,其数组大小为100,数组下标从0开始。top1 和 top2 分别为栈1和栈2的栈顶元素下标,则栈1为空的条件为_____,栈2为空的条件为_____,栈1或栈2满的条件为_____。

答案:top1 == - 1　top2 == 100　top1 + 1 == top2

(4) 一个队列的入队顺序是1234,则队列的输出顺序是_____。

答案:1234

(5) 设循环队列数组大小为100,队头指针为front,队尾指针为rear;约定 front 指向队头元素的前一个位置,该位置永远不存放数据。则入队操作时,修改 rear =_____,出队操作修改 front =_____,队空的判别条件为_____,队满的判别条件为_____。若 front = 20,rear = 60,则队列长度为_____,若 front = 60,rear = 20,则队列长度为_____。

答案:(rear + 1)%100　(front + 1)%100　rear == front　(rear + 1)%100 = front　40　60

(6) 朴素模式匹配算法中,每个串的起始下标均为1,变量 $i = 100, j = 10$,分别表示主串和模式串当前比较的字符元素下标,若本次比较两字符不同,则 $i$ 回溯为_____, $j$ 回溯为_____。

答案:92　1

(7) 用循环链表表示的队列长度为 $n$,若只设头指针,则出队和入队的时间复杂度分别为_____和_____。

答案:$O(1)$　$O(n)$

(8) 一般来说,数组不执行_____和_____操作,所以通常采用_____方法来存储数组。通常有两种存储方式:_____和_____。

答案:删除　插入　顺序存储　行优先存储　列优先存储

(9) 设8行8列的二维数组起始元素为 $A[0][0]$,按行优先存储到起始元素下标为0的一维数组 $B$ 中,则元素 $B[23]$ 在原二维数组中为_____。若该二维数组为上三角矩阵,按行优先压缩存储上三角元素到起始元素下标为0的一维数组 $C$ 中,则元素 $C[23]$ 即为原矩阵中的_____元素。

答案:$A[2][7]$　$A[3][5]$

(10) 设二维数组 $A$ 为6行8列,按行优先存储,每个元素占6字节,存储器按字节编址。已知 $A$ 的起始存储地址为1000H,数组 $A$ 占用的存储空间大小为_____字节,数组 $A$ 的最后一个元素的下标为_____,该元素的第一个字节地址为_____ H,元素 $A[1][4]$ 的第一个字节的地址为_____ H(提示:下标从0开始计)。

答案:288　$A[5][7]$　$111AH$　$1048H$

(11) 10行100列的二维数组 $A$ 按行优先存储,其元素分别为 $A[1][1] \sim A[10][100]$,每个元素占4字节,已知 $Loc(A[6][7]) = 10000H$,则 $Loc(A[4][19]) =$ _____。

答案:FD10H

解析:显然有:

$Loc(A[6][7]) = Loc(A[1][1]) + ((6 - 1) * 100 + (7 - 1)) * 4 = 10000H$

$$\text{Loc}(A[4][19]) = \text{Loc}(A[1][1]) + ((4-1)*100 + (19-1))*4 = x$$

上式减下式后,有$(2*100-12)*4 = 10000H-x$

所以,$x = 10000H - 752 = 10000H - 2F0H = FD10H$

(12) 设 C++ 中存储三维数组 $A_{mnp}$,则第一个元素为 $a_{000}$,若按行优先存储,则 $a_{ijk}$ 前面共有_____个元素;若按列优先存储,则 $a_{ijk}$ 前面共有_____个元素。

答案:$i*n*p+j*p+k$   $i+m*j+m*n*k$

(13) 常见的稀疏矩阵压缩方法有:_____和_____。

答案:三元组表 十字链表

2. 选择题。

(1) 将一个递归算法改为对应的非递归算法时,通常需要使用(   )。

A. 数组　　　　　B. 栈　　　　　C. 队列　　　　　D. 二叉树

答案:B

(2) 四个元素 1、2、3、4 依次进栈,出栈次序不可能出现(   )情况。

A. 1 2 3 4　　　B. 4 1 3 2　　　C. 1 4 3 2　　　D. 4 3 2 1

答案:B

(3) 设循环队列中数组的下标范围是 $1\sim n$,其头尾指针分别为 $f$ 和 $r$,则其元素个数为(   )。

A. $r-f$　　　　　　　　　　B. $r-f+1$

C. $(r-f) \bmod n+1$　　　　D. $(r-f+n) \bmod n$

说明:这里的数组不是指 C++ 数组,也就说假定数组长度依然为 $n$,而不是 $n+1$。

答案:D

(4) 设有两个串 s1 和 s2,求 s2 在 s1 中首次出现的位置的运算称为(   )。

A. 连接　　　　　B. 模式匹配　　　　　C. 求子串　　　　　D. 求串长

答案:B

(5) 为了解决计算机主机和键盘输入之间速度不匹配问题,通常设置一个键盘缓冲区,该缓冲区应该是一个(   )结构。

A. 栈　　　　　B. 队列　　　　　C. 数组　　　　　D. 线性表

答案:B

(6) STL 中的双端队列为(   )。

A. 顺序容器　　　　　　　　B. 容器适配器

C. 迭代器适配器　　　　　　D. 泛函适配器

答案:A

(7) STL 中的(   )允许用户为队列中的元素设置优先级。

A. 队列适配器　　　　　　　B. 双端队列

C. 优先级队列适配器　　　　D. 栈适配器

答案:C

(8) string 类型不支持以(   )的方式操作容器,因此不能使用 front、back 和 pop_back 操作。

A. 线性表　　　　B. 队列　　　　C. 栈　　　　D. 串

答案:C

3. 问答题。

(1) 根据下面的矩阵,写出矩阵转置后的三元组表,起始行列值为 1。

$$
\begin{pmatrix}
0 & 12 & 9 & 0 & 0 & 0 & 0 \\
0 & 0 & 0 & 0 & 5 & 0 & 0 \\
-3 & 0 & 0 & 0 & 0 & 14 & 0 \\
0 & 0 & 13 & 0 & 0 & 0 & 0 \\
0 & 18 & 0 & 0 & 0 & 0 & 0 \\
15 & 0 & 0 & 0 & 0 & 0 & 0
\end{pmatrix}
$$

答案:

| Row | Col | Item |
|-----|-----|------|
| 1 | 3 | $-3$ |
| 1 | 6 | 15 |
| 2 | 1 | 12 |
| 2 | 5 | 18 |
| 3 | 1 | 9 |
| 3 | 4 | 13 |
| 5 | 2 | 5 |
| 6 | 3 | 14 |

矩阵行数:7

矩阵列数:6

非零元素个数:8

(2) 对于如下稀疏矩阵,请写出对应的三元组顺序表,若采用顺序取,直接存的算法进行转置运算,引入辅助数组 number[]和 position[],分别表示矩阵各列的非零元素个数和矩阵中各列第一个非零元素在转置矩阵中的位置,请写出数组中的各元素(所有数组起始元素下标为 0)。

$$
原矩阵
\begin{pmatrix}
0 & 0 & 2 & 0 \\
3 & 0 & 0 & 0 \\
0 & 0 & -1 & 5 \\
0 & 0 & 0 & 0
\end{pmatrix}
$$

答案:

| Row | Col | Item |
|-----|-----|------|
| 0 | 2 | 2 |
| 1 | 0 | 3 |
| 2 | 2 | $-1$ |
| 2 | 3 | 5 |

行数:4

列数:4

非零元素个数:4

| Col | 0 | 1 | 2 | 3 |
|---|---|---|---|---|
| Number[col] | 1 | 0 | 2 | 1 |
| Position[col] | 0 | 1 | 1 | 3 |

（3）对于上题中的稀疏矩阵，写出对应的三元组表和十字链表。

答案：

三元组表：

| Row | Col | Item |
|---|---|---|
| 0 | 2 | 2 |
| 1 | 0 | 3 |
| 2 | 2 | −1 |
| 2 | 3 | 5 |

行数：4

列数：4

非零元素个数：4

十字链表：

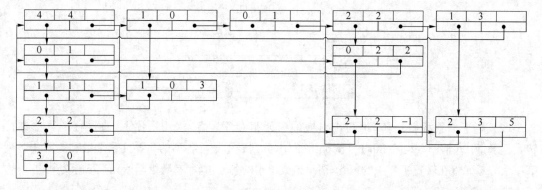

4．算法设计。

（1）设计一个算法判断算数表达式的圆括号是否正确配对。

**解析**：利用栈进行判断。若碰到左括号，则入栈。若碰到右括号，则出栈，若出栈时发现栈已经空了，说明此时的右括号无对应的左括号，表达式错误。表达式解析完成后，若栈不空，说明有左括号无对应的右括号，表达式错误。

代码中，使用了 STL 中的 stack 和 string，如下：

```
# include ˝stack˝
# include ˝string˝
bool checkExpression(const char * a)
{
    int i = 0;
    stack<char> s;
    while(a[i]){
```

```
            if(a[i] == '(') s.push(a[i]);
            else if(a[i] == ')' && ! s.empty()) s.pop();
            else if(a[i] == ')') return 1;
            i++;
        }
        if(! s.empty()) return 1;
        else return 0;
    }
    int main()
    {
        string s = "a + ((b * c)/()(d + f) - (sdf) * d)) - 5";
        while(1){
            cout <<"Please input expression(Ctrl + C break):"<< endl;
            cin >> s;
            int ret = checkExpression(s.c_str());
            if(ret) cout <<" Expression Error."<< endl;
            else cout <<" Expression Ok. "<< endl;
            cout <<"Please input expression(Ctrl + C break):"<< endl;
        }
        return 0;
    }
```

(2) 假定用带头结点的循环链表表示队列,并且只设置一个指针指向队尾元素,试设计该队列类,完成相应的入队、出队、置空队、求队长等操作接口。

**解析:**

.h 文件:

```
const int NULL = 0;
template < class T >
struct Node                         //定义结点结构
{
    T data;
    struct Node < T > * next;
};
template < class T >
class LinkQueue                     //链队列模板类
{
public:
    LinkQueue()                     //构造函数
    {
        rear = new Node < T >;
```

```
        rear - > next = rear;
    }
    ~LinkQueue();                          //析构函数
    void EnQueue(T x);                     //入队
    T DeQueue();                           //出队
    T GetFront();                          //查找队头元素
    bool Empty(){return rear - > next == rear? true:false; }   //判队空
private:
    Node < T > * rear;                     //队尾指针
};
```

.cpp 文件：

```
# include "LinkQueue.h"
template < class T >
void LinkQueue < T >::EnQueue(T x)         //入队
{
    Node < T > *  f = rear - > next;
    rear - > next = new Node < T >;        //建立新结点
    rear = rear - > next;                  //移动队尾指针
    rear - > data = x;
    rear - > next = f;
}
template < class T >
T LinkQueue < T >::DeQueue()               //出队
{
    if(Empty()) throw "Underflow";

    Node < T > * front = rear - > next;    //保存队头元素指针
    Node < T > *  p = front - > next;
    front - > next = p - > next;           //原队头元素出链
    if((front - > next) == front) rear = front;   //若队列变为空队,修改队尾指针
    T x = p - > data;                      //保存队头数据
    delete p;                              //释放原队头元素
    return x;
}
template < class T >
Node < T > *  LinkQueue < T >::GetFront()  //查找队头元素
{
    if(Empty()) return NULL;
    return rear - > next - > next;
}
```

```
template < class T >
LinkQueue < T >::~LinkQueue()                //析构函数
{
    Node < T > * front = rear -> next;
    while(front)
    {
        rear = front -> next;
        delete front;
        front = rear;
    }
}
```

（3）设计算法把一个十进制数转换为任意指定进制数。

**解析：**

```
# include "iostream"
# include "stack"
using namespace std;

void Convert (int n, int k)
{
    int p;
    stack < int > s;
    while(n){
        p = n/k;
        s.push(n - p * k);
        n = p;
    }
    while(!s.empty()){
        int r = s.top();
        s.pop ();
        cout <<((r < 10)? (char)(r + '0'):(char)(r - 10 + 'A'));
    }
    cout << "Done."<< endl;
}
int main()
{
    int n,k;
    while(1){
        cout <<"请输入十进制数和转换的进制(2~36)"<< endl;
        cin >> n >> k;
```

```
            if(k<1 || k>36) cout<<"进制"<<k<<"Error"<<endl;
            Convert (n,k);
        }
    return 0;
}
```

(4) 设有一个背包可以放入的物品重量为 $S$, 现有 $n$ 件物品, 重量分别为 $w_1, w_2, \cdots, w_n$。问能否从这 $n$ 件物品中选择若干件放入此背包, 使得放入的重量之和正好为 $S$。如果存在一种符合上述要求的选择, 则称此背包问题有解, 否则此问题无解, 试用递归和非递归两种方法设计解决此背包问题的算法。

**解析:**

背包问题是一个经典的 NP 问题, 它既简单形象容易理解, 又在某种程度上能够揭示动态规划的本质, 故不少教材都把它作为动态规划部分的第一道例题。本题目是最简单的 $0-1$ 背包问题, 除此之外, 还有许多由此衍生出来的很多复杂的背包问题。

本题中, 最容易想到的就是假定背包中已放入了部分物品, 现将第 $i$ 件物品试着放入背包中, 如果可以放进去, 背包的重量在原来的基础上增加了 $w_i$; 如果不可以放进去, 说明加入后太重了, 换下一件物品。如果所有的剩余物品都不能放入, 说明以前放入的物品不合适, 拿出上一次放入的物品, 继续试剩余的物品。

**递归解法:**

设背包函数为 knapsack(int s, int n), 参数 int s 为剩余重量, int n 为剩余物品数, 返回值表示背包分配是否成功。

① 如果 $s==0$, 表示分配成功, 返回 1。

② 如果 $s<0$ 或者 $n<0$, 表示太重, 或者物品分配完毕, 返回 0。

③ 执行 knapsack($s-w_i, n-1$), 测试当前这件物品放入是否成功。如果成功, 说明当前这件物品放入刚好最终分配成功。

④ 返回 knapsack($s, n-1$), 说明当前物品不合适, 减小剩余物品数, 继续测试。

**测试代码:**

```
/*简单的背包问题递归解*/
#include"stdio.h"
#define N 6                      /*物品数量*/
#define S 8                      /*背包大小*/

int W[N+1]={0,1,2,3,4,5,6};      /*数据,各物品重量,W[0]不使用*/

/*
背包函数
    knapsack()
参数
    int s 剩余重量
    int n 剩余物品数
```

返回

　　int 背包分配是否成功
*/

```
int knapsack(int s,int n)
{
    if(s == 0)                         /* 分配结束,成功 */
        return 1;
    if(s < 0 || (s > 0 && n < 1))      /* 没有可用空间,或者物品分配完毕 */
        return 0;
    if(knapsack(s - W[n] , n - 1)){    /* 递归 */
        printf("% - 4d",W[n]);         /* 输出 */
        return 1;
    }
    return knapsack(s , n - 1);
}
int main()
{
    if(knapsack(S , N))                /* 递归调用 */
        printf("\nOK! \n");
}
```

## 3.4　练　习　题

1. 填空题。

(1) 设循环队列数组大小为 100,队头指针为 front,队尾指针为 rear;约定 front 指向队头元素的前一个位置,该位置永远不存放数据,rear 指向队尾元素。则进队操作时,修改 rear =_____,出队操作修改 front =_____,队空的判别条件为_____,队满的判别条件为_____。若 front = 20,rear = 60,则队列长度为_____,若 front = 60,rear = 20,则队列长度为_____。

(2) 朴素模式匹配算法中,每个串的起始下标均为 1,变量 $i = 100$,$j = 10$,分别表示主串和模式串当前比较的字符元素下标,若本次比较两字符不同,则 $i$ 回溯为_____,$j$ 回溯为_____。

(3) 两栈共享存储空间,其数组大小为 100,数组下标从 0 开始。top1 和 top2 分别为栈 1 和栈 2 的栈顶元素下标,则栈 1 为空的条件为_____,栈 2 为空的条件为_____,栈 1 或栈 2 满的条件为_____。

(4) 朴素模式匹配算法中,每个串的起始下标均为 0,变量 $i = 50$,$j = 9$,分别表示主串和模式串当前比较的字符元素下标,若本次比较两字符不同,则 $i$ 回溯为_____,$j$ 回溯为_____。

（5）已知栈的存储结构是不带头结点的单链表,结点包含一个数据域 data 和一个指针域 next,栈顶指针是 top,s 是指向新结点的指针,则 s 入栈的操作是_____。

（6）设循环队列中数组的下标范围是 1～100,其头尾指针分别为 f 和 r,f 指向队头元素的前一个位置,则队满的条件是_____,队空的条件是_____,若 f=45;r=20,其元素个数为_____。

（7）设 10 行 10 列的二维数组起始元素为 A[0][0],按行优先存储到起始元素下标为 0 的一维数组 B 中,则元素 B[35] 在原二维数组中为 A[_____][_____],元素 A[5][3] 在 B 数组中为 B[_____]。

（8）设 C++ 中存储三维数组 $A_{mnp}$,则第一个元素为 $a_{000}$,若按行优先存储,则 $a_{ijk}$ 前面共有_____个元素;若按列优先存储,则 $a_{ijk}$ 前面共有_____个元素。

（9）假设三维数组 A[10][9][8],若每个元素占 3 个存储单元,且首地址为 100,则元素按行优先顺序存储 A[4][5][6] 的存储地址是_____;按列优先顺序存储 A[4][5][6] 的存储地址是_____（下标从 0 开始）。

2. 选择题。

（1）字符串相等的充分必要条件是（    ）。

A. 串长度相等                    B. 串使用相同的存储结构

C. 串相同位置对应的字符相等        D. A 和 C

（2）将一个递归算法改为对应的非递归算法时,通常需要使用（    ）。

A. 数组          B. 队列          C. 栈          D. 二叉树

（3）一个栈的入栈序列是 1,2,3,4,5,则栈的不可能的输出序列是（    ）。

A. 5 4 3 2 1      B. 4 5 3 2 1      C. 4 3 5 1 2      D. 1 2 3 4 5

（4）设计一个判别表达式中左、右括号是否配对出现的算法,采用（    ）数据结构最佳。

A. 线性表的顺序存储结构              B. 栈

C. 队列                          D. 线性表的链式存储结构

（5）在一个二维数组 A[m][n] 中,已知 A[0][0] 存放位置为 $644_{(10)}$,A[2][2] 存放位置为 $676_{(10)}$,每个元素占一个空间,则 A[3][3] 存放在什么位置？脚注(10)表示用 10 进制数表示。

A. 688          B. 678          C. 692          D. 696

# 第4章 树

## 4.1 本章导学

### 4.1.1 知识点 MAP 图

本章的知识点 MAP 图如图 1-4-1 所示,其中第 3 层代表了本章学习的主线。

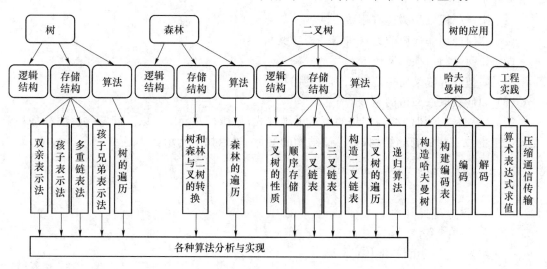

图 1-4-1 知识点 MAP 图

### 4.1.2 学习重点

本章是本课程的重点之一,并且以二叉树为重点展开。其中树是最普通的树结构,重点要了解树的存储结构和树的遍历方法;森林是树的扩展,了解森林的遍历方法即可;二叉树是最简单的树,其优点结构简单方便存储和实现,重点了解二叉树的存储和算法实现。这三种结构中,树和森林最接近现实中的应用,但存储和实现复杂,因此本章需要重点学习树和森林与二叉树的转换,从而以此为枢纽,将现实中的树和森林的应用转换为二叉树实现的基本思想。

因此,本章的学习重点包括以下内容:

(1) 树的存储结构;

(2) 树、森林、二叉树的遍历方法;

(3) 树、森林和二叉树的转换;

(4) 二叉树的存储结构;

(5) 二叉树的算法实现;

(6) 哈夫曼编码。

本章的学习难点包括以下内容:

(1) 二叉树的算法实现;

(2) 递归和非递归的转化基;

(3) 哈夫曼编码的实现。

## 4.2  扩 展 学 习

本章的难点之一是二叉树的实现,我们已经学习了如何使用顺序存储结构采用递归的方法构造一棵二叉链表的二叉树,还学习了四种重要的二叉树遍历操作的实现,那么关于二叉树还有哪些扩展问题需要解决呢?

问题如下:

(1) 构造一棵二叉树还有哪些方法?

(2) 如何使用非递归的方法构造一棵二叉树?

(3) 如何复制一棵二叉树?

(4) 如何获取二叉树指定结点到根的路径?

(5) 如何获取二叉树的高度?

所以,掌握二叉树的编程方法的逻辑思维方式,才能举一反三。以上问题的解决都是基于二叉链表的二叉树的存储结构,该存储结构的 C++表示如下所示:

```cpp
template<class T> struct BiNode
{
    T data;
    BiNode<T>* lchild;
    BiNode<T>* rchild;
};
```

为了和教材保持一致,我们还需要生成一个模板类 BiTree,其 C++表示如下:

```cpp
template<class T>class BiTree
{
public:
    BiNode<T>* root;
    ……
};
```

### 4.2.1　二叉树构造方法

这里,给出另外两种常用的二叉树的创建方法,一是根据类前序序列作为输入构造二叉链表的二叉树,二是根据前序遍历序列和中序遍历序列作为输入构造二叉链表的二叉树。此外,二叉树的创建非常适合使用递归的方法来实现,逻辑简单易于实现;但是在非递归的环境下也是可以实现的,实现逻辑较为复杂,因此也在本部分进行讨论。

（1）根据类前序序列构造二叉链表的二叉树

如图 1-4-2 所示的二叉树可表示为如图 1-4-3 所示的扩展二叉树,即为每一个结点的空指针引入一个虚结点"♯",该扩展二叉树的前序序列表示为:$ABD♯♯EF♯♯♯CG♯H♯♯♯$,其中结点的顺序是前序序列,结点之间的"♯"代表空结点。因此,从键盘输入该序列,可以唯一地构造一个二叉树。

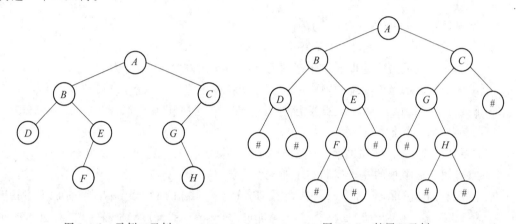

图 1-4-2　示例二叉树　　　　　　　　图 1-4-3　扩展二叉树

#### ① 编程思路

根据创建二叉链表的思维方式,我们可以这么考虑该问题:若输入的是"♯"如何处理? 若是结点字符,如何处理? 显然当输入的是结点字符时,需要创建一个新结点,然后,递归创建左子树,递归创建右子树。若输入的是"♯",则表明该二叉树为空树,即 R=NULL。

#### ② 程序代码

使用模板类的形式实现该函数如下:

```cpp
template<class T>
void BiTree<T>::Create(BiNode<T> * &R)
{
    char ch;
    cin>>ch;
    if(ch=='♯')                    //如果结点不存在
        R = NULL;
    else
    {
        R = new BiNode<T>;          //创建新的结点
```

```
        R-> data = ch;
        Create(R-> lch);              //创建左子树
        Create(R-> rch);              //创建右子树
    }
}
```

（2）根据前序遍历序列和中序遍历序列构造二叉链表的二叉树

如图 1-4-2 所示的二叉树的前序序列和中序序列为：*ABDEFCGH* 和 *DBFEAGHC*，则如何创建二叉链表的二叉树呢？

① **编程思路**

所有创建二叉树的思路有其通用性，都是先创建根结点，再递归创建左子树和右子树，那么本题就转化成如何查找根结点和左、右子树的问题。

a. 变量说明：

- 字符数组 PreData[]：表示前序序列。
- 字符数组 InData[]：表示中序序列。
- s1 和 e1：表示当前处理的前序序列的起始和终止位置，初始时为 s1＝1，e1＝n。
- s2 和 e2：表示当前处理的中序序列的起始和终止位置，初始时为 s2＝1，e2＝n。
- 函数 find(InData,e,s2,e2)：查找指定字符 e 在中序序列 InData[s2..e2]中的下标 pos。

b. 如何找到二叉树的根呢？

这需要在前序序列中找根结点，就是前序序列 PreData[s1..e1]的首字符 PreData[s1]。

c. 如何找出这个根的左子树和右子树呢？

在中序序列 InData[s2..e2]中查找 PreData[s1]的位置 pos，则前序序列中的 PreData[s1+1,s1+pos−s2]是左子树，PreData[s1+pos−s2+1,e]是右子树；对应的中序序列 InData[s2,pos−1]是左子树，InData[pos+1,e2]是右子树。

d. 如何递归创建？

将前序序列的左子树和对应中序序列的左子树看成是一棵二叉树的输入反复进行步骤 b和 c；将前序序列的右子树和相应的中序序列的右子树看成是一棵二叉树的输入，反复进行步骤 b 和 c，直到该树为空结束；创建结束。

② **程序代码**

```
template<class T>
void BiTree<T>::Create(BiNode<T>* & R,T PreData[], T InData[],
                    int s1, int e1,int s2, int e2)
{
    if(s1<=e1)
    {
        R = new BiNode<T>;                    //创建根结点
        R-> data = PreData[s1];
        R-> lch = R-> rch = NULL;
        int pos = find(InData,PreData[s1],s2,e2);   //获取根结点在中序序列中的下标
        //创建左子树
```

```
        Create(R->lch,PreData,InData, s1+1,s1+pos-s2,s2,pos-1);
        //创建右子树
        Create(R->rch,PreData,InData, s1+pos-s2+1,e1,pos+1,e2);
    }
}
    template<class T>
    int BiTree<T>::find(T InData[],T e,int s2,int e2)   //寻找元素 e 在中序序列中的下标
    {
        for(int i=s2; i<=e2; i++)
            if(InData[i]==e)
                return i;
    }
```

当然,第二种方法也可以使用后序序列和中序序列作为输入构造二叉树,其编程思想和实现方法同上。

（3）使用非递归的方法创建二叉链表的二叉树

① **编程思路**

可以参考教材上前序遍历非递归实现的思路来编程。创建二叉树和前序遍历对每个结点的访问顺序一致,因此二者程序结构基本相同,其区别有两点:一是是否创建新的结点;二是是否需要将新结点的左右孩子指针传递到下一层。因此,在实现过程中要按照下面的原则进行编程。

a. 非递归必须要使用栈来实现。

b. 使用非递归的方法创建二叉树必须要注意输入的参数类型 ∗∗。

首先,∗∗是指针的指针,也就是说 ∗∗ 类型的变量存储的数据是一个指针的地址。举个例子,已知 int a＝5;则 int ∗p＝&a; int ∗∗pp＝&p;则变量 a、p、pp 的关系如图 1-4-4 所示。

p 是一个指针变量,该变量存储的是变量 a 的地址;pp 就是一个指针的指针,该变量存储的是指针 p 的地址。

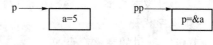

图 1-4-4　变量 a、p、pp 的关系

递归实现创建操作时用来表示的结点的类型为指针的引用 ∗&,这是通过函数参数传递来使用的,目的是将指针本身传给函数;非递归实现过程中没有参数调用,无法使用 ∗& 类型,因此使用 ∗∗ 来传递结点指针的地址。

c. 本例中使用类前序序列作为输入进行实现。

② **程序代码**

```
template<class T>
void BiTree<T>::Create(BiNode<T>** R)
{
    BiNode<T>**   stack[MAXSIZE];       //定义顺序栈
    int top=-1;                         //栈顶指针
    char ch;
    do
```

```
{
    cin >> ch;
    while(ch! = '#')
    {
        * R = new BiNode < T >;        //创建结点,保存根结点指针的地址
        ( * R) - > data = ch;
        ( * R) - > lch = ( * R) - > rch = NULL;
        stack[ ++ top] = R;            //R 入栈
        R = &(( * R) - > lch);         //R 指向当前结点的左孩子指针
        cin >> ch;
    }
    R = &(( * stack[top]) - > rch); //R 指向栈顶元素的右孩子指针
    top --;                         //栈顶元素出栈
}while((top! = -1)|| (a[i]! = 0));
}
```

## 4.2.2　二叉树的复制

创建一棵与已知二叉树相同的二叉链表的二叉树。

① 解析

二叉树的复制构造函数实质上是实现了二叉树复制的功能,实质上这也是一种创建二叉树的方法,只是输入为已知二叉树。

② 编程思路

a. 按照先创建根结点,再递归创建左右子树的方法实现。

b. src:表示源二叉树根结点指针。

　　dst:表示目标二叉树根结点指针。

③ 程序代码

复制二叉树的完整代码如下。

```
template < class T >
void BiTree < T >::CopyTree(BiNode < T > * src, BiNode < T > * & dst)
{
    if(src == NULL)
        dst = NULL;
    else
    {
        dst = new BiNode < T >;                //创建根结点
        dst - > data = src - > data;
        CopyTree(src - > lch, dst - > lch);    //创建左子树
        CopyTree(src - > rch, dst - > rch);    //创建右子树
    }
}
```

将该函数放在复制构造函数中调用,即可实现复制构造函数。

```
template < class T >
BiTree < T >:: BiTree(BiTree < T > &t)
{
    CopyTree(t - > root,this - > root);
}
```

## 4.2.3　二叉树的路径显示

输出指定结点到根结点的路径。

**① 解析**

假设二叉树以二叉链表存储,已知结点元素为 e,查找该元素并打印从该结点到根的路径。

**② 编程思路**

利用前序遍历的方法,访问每一个结点,但并不打印全部的元素,仅当当前元素等于 e 时输出该结点或者当 e 是通过该结点的左孩子或右孩子遍历得到时输出该结点。那么如何判断结点元素 e 的父结点或者祖先结点呢?

答案是:利用函数的返回值来判断。整个递归的过程是:若当前结点是元素 e,则打印该结点,返回 true;否则继续判断其孩子结点,只要该结点的孩子结点中包含元素 e,则返回 true;否则返回 false。

**③ 程序代码**

```
template < class T >
bool BiTree < T >::Path(BiNode < T > * R, T e)
{
    if(R == NULL)
        return false;
    else
    {
        if(R - > data == e)          //当前元素等于 e,输出该结点
        {
            cout << R - > data;    return true;
        }
        else if(Path(R - > lch,e))//经过该结点的左孩子能到达 e,输出该结点
        {
            cout << R - > data; return true;
        }
        else if(Path(R - > rch,e))//经过该结点的右孩子能到达 e,输出该结点
        {
            cout << R - > data;return true;
```

```
        }
    else
        return false;
    }
}
```

注意：

a. 该函数的返回值是关键,当下层结点调用该函数返回时,该结果可以层层反映到上一级结点的调用中,因此,祖先结点能够感知子孙结点中是否具有结点 e。

b. 本函数输出的结点顺序是从当前结点到根结点的一个倒序输出,如果要求输出从根结点到指定结点的路径,如何修改该程序?

请同学们参考本程序自行编程实现。

### 4.2.4 二叉树的高度

以二叉链表为二叉树的存储结构,求该二叉树的高度。

① 编程思路

如图 1-4-5 所示分析二叉树的高度,首先需要计算其左子树的高度和右子树的高度,整棵树的高度是:max(左子树的高度,右子树的高度)+1,因此,也采用递归的方式实现。

② 程序代码

```
template < class T > int BiTree < T >::Count(Node < T > * R)
{
    if(R = = NULL)
        return 0;
    else
    {
        int m = Count(R -> lch);
        int n = Count(R -> rch);
        return m > = n? m + 1:n + 1;
    }
}
```

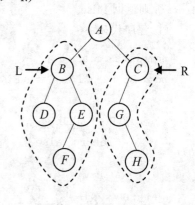

图 1-4-5　递归划分

同样的原理可以计算二叉树的结点总数、叶子结点数等。

# 4.3　课后习题指导

1. 填空题。

(1) 已知二叉树中叶子数为 50,仅有一个孩子的结点数为 30,则总结点数是_____。

**解析:**根据二叉树性质 3,$n_0 = n_2 + 1$,可得度为 2 的结点数 $n_2 = n_0 - 1 = 49$,则总结点数

$$n = n_0 + n_1 + n_2 = 50 + 30 + 49 = 129$$

答案:129

（2）4 个结点可构成_____棵不同形态的二叉树。

**解析:**第 1 种情况:构成深度为 4 的二叉树,则除了根结点外,每层只有 1 个结点,这个结点可以有两种选择,左子树或右子树,因此有 $2^3=8$ 种形态。

第 2 种情况:构成深度为 3 的二叉树,则除根结点外,若第 2 层为 2 个结点,则第 3 层可以有 4 个位置,即 4 种形态;若第 2 层为 1 个结点,该结点可以有两个位置可选,左子树或右子树,第 3 层 2 个结点只有 1 种情况,即总共 2 种形态。

**答案:**$8+4+2=14$ 种

（3）设树的度为 5,其中度为 1~5 的结点数分别为 6、5、4、3、2 个,则该树共有_____个叶子。

**解析:**设度为 0 的结点为 $n_0$,则总结点数为

$$n=n_0+6+5+4+3+2=n_0+20$$

该树总的分支数为

$$k=6+5*2+4*3+3*4+2*5=50$$
$$n=k+1$$

所以

$$n_0+20=50+1 \quad n_0=31$$

**答案:**31

（4）在结点个数为 $n(n>1)$ 的各棵普通树中,高度最小的树的高度是_____,它有_____个叶子结点,_____个分支结点。高度最大的树的高度是_____,它有_____个叶子结点,_____分支结点。

**解析:**高度最小的树有 2 层,根结点有 1 个,即分支结点,其余全部为第 2 层的叶子结点;高度最大的树有 $n$ 层,每层 1 个结点,最后 1 层是叶子结点,其余 $n-1$ 层为分支结点。

**答案:**2　$n-1$　1　$n$　1　$n-1$

（5）深度为 $k$ 的二叉树,至多有_____个结点。

**解析:**就是计算深度为 $k$ 的满二叉树共有多少个结点。

**答案:**$2^k-1$

（6）有 $n$ 个结点并且其高度为 $n$ 的二叉树的数目是_____。

**解析:**每层只有 1 个结点,除根结点外,其余每个结点对于上一层结点都有 2 种形态,因此总共有 $2^{k-1}$ 种不同的二叉树。

**答案:**$2^{k-1}$

（7）设只包含根结点的二叉树的高度为 1,则高度为 $k$ 的二叉树的最大结点数为_____,最小结点数为_____。

**解析:**满二叉树结点数最多;每层仅有 1 个结点的树总结点数最少。

**答案:**$2^k-1$　$k$

（8）将一棵有 100 个结点的完全二叉树按层编号,则编号为 49 的结点 X,其双亲 PARENT(X) 的编号为_____。（编号从 1 开始）

**解析:**双亲结点的编号是孩子结点编号的 $1/2$。

**答案:**$49/2=24$

（9）已知一棵完全二叉树中共有 768 个结点,则该树中共有_____个叶子结点。

**解析:**根据二叉树的性质 4 计算该二叉树共有 10 层,前 9 层共有 $2^9-1=511$ 个结点,因此第 10 层有 $768-511=257$ 个叶子结点,挂在第 9 层的前 129 个结点上,第 9 层共有 $2^8=256$ 个结点,因此第 9 层有 $256-129=127$ 个叶子结点;因此,总共有 $257+127=384$ 个叶子结点。

**答案:**384

（10）已知完全二叉树的第 8 层有 8 个结点,则其叶子结点数是_____。

**解析:**解题思路同第（9）小题,第 7 层有 64 个结点,其中前 4 个结点为分支结点,每个结点下有 2 个孩子结点,因此第 7 层有 60 个叶子结点,第 8 层 8 个叶子结点,共计 $60+8=68$ 个叶子结点。

**答案:**68

（11）深度为 8（根的层次号为 1）的满二叉树有_____个叶子结点。

**解析:**根据二叉树性质 1,每层的结点数为 $2^{k-1}$。

**答案:**128

（12）一棵二叉树的前序遍历是 *FCABED*,中序遍历是 *ACBFED*,则后序遍历是_____。

**解析:**构造二叉树的过程如图 1-4-6 所示。

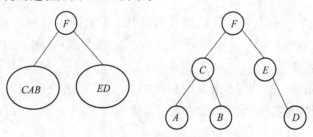

图 1-4-6　二叉树的构造过程

**答案:***ABCDEF*

（13）某二叉树结点的中序遍历序列为 *ABCDEFG* 后序遍历序列为 *BDCAFGE*,则该二叉树结点的前序遍历序列为_____,该二叉树对应的树林包括_____棵树。

**解析:**构造二叉树的过程如图 1-4-7 所示。

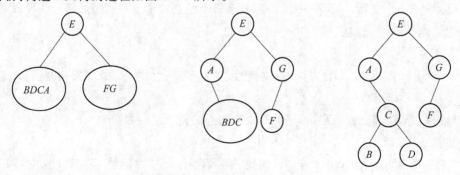

图 1-4-7　二叉树的构造过程

**答案:***EACBDGF*　　2

2. 单选题。

(1) 在一棵度为 3 的树中,度为 3 的结点个数为 2,度为 2 的结点个数为 1,则度为 0 的结点个数为(    )。

A. 4          B. 5          C. 6          D. 7

**解析:**总结点数 $n=2+1+n_1+n_0$;总分支数 $k=2*3+1*2+n_1$;$n=k+1$    $3+n_1+n_0=9+n_1$    $n_0=6$。

答案:C

(2) 下列陈述中正确的是(    )。

A. 二叉树是度为 2 的有序树

B. 二叉树中结点只有一个孩子时无左右之分

C. 二叉树中必有度为 2 的结点

D. 二叉树中最多只有两棵子树,并且有左右之分

答案:D

(3) 树中如果结点 $M$ 有 3 个兄弟,而且 $N$ 是 $M$ 的双亲,则 $N$ 的度是(    )。

A. 3          B. 4          C. 5          D. 1

答案:B

(4) 设高度为 $h$ 的二叉树上只有度为 0 和度为 2 的结点,则此类二叉树中所包含的结点数至少为(    )。

A. $2h$          B. $2h-1$          C. $2h+1$          D. $h+1$

**解析:**第 1 层只有 1 个根结点,其余每层都有 2 个结点的二叉树。

答案:B

(5) 高度为 5 的完全二叉树至少有(    )个结点。

A. 16          B. 32          C. 31          D. 5

**解析:**第 5 层只有 1 个结点的完全二叉树。

答案:A

(6) 具有 65 个结点的完全二叉树的高度为(    )。(根的层次号为1)

A. 8          B. 7          C. 6          D. 5

答案:B

(7) 对一个满二叉树,$m$ 个树叶,$n$ 个结点,深度为 $h$,则(    )。

A. $n=h+m$          B. $h+m=2n$          C. $m=h-1$          D. $n=2*m-1$

**解析:**叶子结点 $m=2^{h-1}$;总结点数 $n=2^h-1$;    $m*2-1=n$。

答案:D

(8) 任一棵二叉树,其叶子结点数为 $n_0$,度为 2 的结点数为 $n_2$,则存在关系(    )。

A. $n_2+1=n_0$          B. $n_0+1=n_2$          C. $2n_2+1=n_0$          D. $n_2=2n_0+1$

答案:A

(9) 某二叉树的前序遍历结点访问顺序是 $abdgcefh$,中序遍历的结点访问顺序是 $dg$-$baech f$,则其后序遍历的结点访问顺序是(    )。

A. $bdgcefha$          B. $gdbec fha$          C. $bdgaech f$          D. $gdbeh fca$

**解析:**构造二叉树的过程如图 1-4-8 所示。

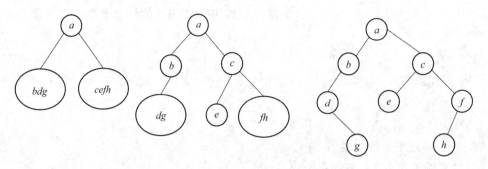

图 1-4-8　二叉树的构造过程

答案：D

(10) 设 $m, n$ 为一棵二叉树上的两个结点,在中序遍历时, $n$ 在 $m$ 前的条件是( )。

A. $n$ 在 $m$ 右方　　　　B. $n$ 是 $m$ 祖先　　　　C. $n$ 在 $m$ 左方　　　　D. $n$ 是 $m$ 子孙

答案：C

(11) 一棵二叉树的广义表表示为 $a(b(c, d), e(, f(g)))$ ,则得到的层序遍历序列为( )。

A. $abcdefg$　　　　B. $cbdaegf$　　　　C. $cdbgfea$　　　　D. $abecdfg$

**解析**：根据广义表构造的二叉树如图 1-4-9 所示。

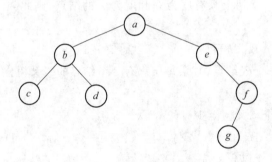

图 1-4-9　广义表构造的二叉树

答案：D

(12) 将一棵树 $t$ 转换为二叉树 $h$ ,则 $t$ 的后序遍历是 $h$ 的( )。

A. 中序遍历　　　　B. 前序遍历　　　　C. 后序遍历　　　　D. 层序遍历

答案：A

(13) 对二叉排序树进行( )遍历,可以得到该二叉树所有结点构成的排序序列。

A. 前序　　　　B. 中序　　　　C. 后序　　　　D. 层序

答案：B

(14) 设 F 是一个森林,B 是由 F 转换得到的二叉树,F 中有 $n$ 个非叶子结点,则 B 中右指针域为空的结点有( )个。

A. $n-1$　　　　B. $n$　　　　C. $n+1$　　　　D. $n+2$

**解析**：每一个非叶子结点的孩子中最后面的孩子右指针域为空,因此有 $n$ 个孩子结点右指针域为空;F 是森林,最后一棵树的根结点右指针域为空。

答案：C

(15) 利用 3,6,8,12,5,7 这六个值作为叶子结点的权,生成一棵哈夫曼树,该树的深度为( )。

A. 3　　　　B. 4　　　　C. 5　　　　D. 6

**解析：**哈夫曼树构造过程如图 1-4-10 所示。

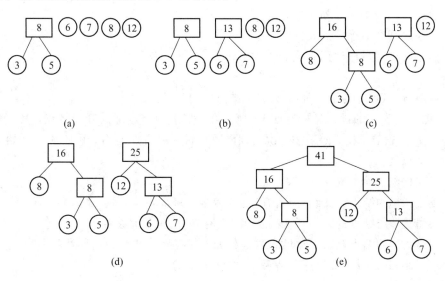

图 1-4-10　构造的哈夫曼树

答案：B

(16) 若树中只包含度为 0 和 $m$ 的结点，其叶子结点个数为 $n$，则非叶子结点的个数为（　　）。

A. $n-1$

B. $\lceil n/m \rceil - 1$

C. $\lceil (n-1)/(m-1) \rceil$

D. $\lceil n/(m-1) \rceil - 1$

**解析：**设 $k$ 为度为 $m$ 的结点个数，则总结点数为 $n+k$；总分支数为 $k*m$。

$$n+k = k*m+1 \blacktriangleright k = (n-1)/(m-1)$$

答案：C

3. 试分别画出具有三个结点的树和二叉树的所有不同形态。

答案：树：树的分支是无序的，因此只有两种形态，如图 1-4-11 所示。

二叉树：二叉树的左右分支是有序的，因此可以有 5 种形态，如图 1-4-12 所示。

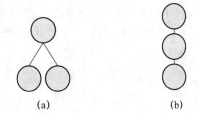

图 1-4-11　有三个结点的树的两种形状

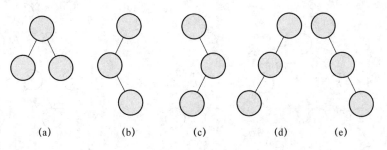

图 1-4-12　二叉树的 5 种形态

4. 试找出分别满足下面条件的所有二叉树：

(1) 前序序列和中序序列相同；

(2) 中序序列和后序序列相同；

(3) 前序序列和后序序列相同。

答案：

(1) 右斜树　　(2) 左斜树　　(3) 只有根结点的树

5. 一棵高度为 $h$ 的满 $k$ 叉树有如下性质：第 $h$ 层上的结点都是叶子结点，其余各层上每个结点都有 $k$ 棵非空子树，如果按层次自顶向下，同一层自左向右，顺序从 0 开始对全部结点进行编号，试问：

(1) 各层的结点个数是多少？

(2) 编号为 $i$ 的结点的父结点（若存在）的编号是多少？

(3) 编号为 $i$ 的结点的第 $m$ 个孩子结点（若存在）的编号是多少？

(4) 编号为 $i$ 的结点有右兄弟的条件是什么？其右兄弟结点的编号是多少？

(5) 叶子结点数 $n_0$ 和非叶子结点数 $n_k$ 之间满足的关系。

答案：

(1) $n$ 层的结点个数为 $k^{n-1}$

(2) $\lfloor (i-1)/k \rfloor$

(3) $k * i + m$

(4) $i \% k \ne 0$　　$i+1$

(5) $n_k * (k-1) = n_0 - 1$

6. 若一棵二叉树的前序序列为 $abdgcefh$，中序序列为 $dgbaechf$，请画出该二叉树，并写出其后序序列。

答案：本题构造的二叉树如图 1-4-8 所示。

后序遍历序列是：$gdbehfca$。

7. 请将图 1-4-13 所示树 T 转换为二叉树 $T'$。

答案：如图 1-4-14 所示。

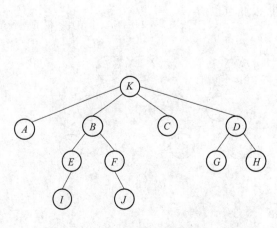

图 1-4-13　题 7 图

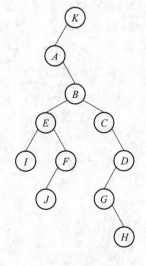

图 1-4-14　题 7 答案

8. 二叉树如图 1-4-15 所示,该树的三种遍历序列分别是什么?

答案:前序　$-+a*b-cd/ef$

中序　$a+b*c-d-e/f$

后序　$abcd-*+ef/-$

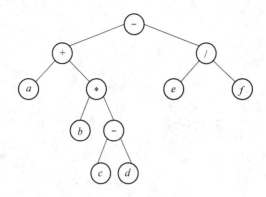

图 1-4-15　题 8 图

9. 二叉树如图 1-4-16 所示,请画出和其相对应的森林。

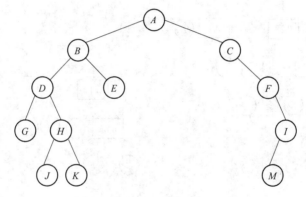

图 1-4-16　题 9 图

答案:二叉树对应的森林由 4 棵树构成,如图 1-4-17 所示。

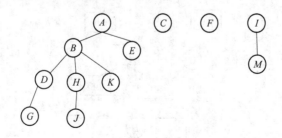

图 1-4-17　题 9 答案

10. 假设用于通信的电文仅由 8 个字符组成,并且出现概率为 0.07(A)、0.19(B)、0.02(C)、0.06(D)、0.32(E)、0.03(F)、0.21(G)、0.10(H),

(1) 画出哈夫曼树;

(2) 每个字符的哈夫曼编码;

(3) 计算其带权路径长度;

（4）如果电文是"ABCDEFGH"压缩前每个字符使用 8bit 的 ASCII 编码，则采用上面的哈夫曼编码，其压缩比是多少？

答案：（1）哈夫曼树构造过程如图 1-4-18 所示。

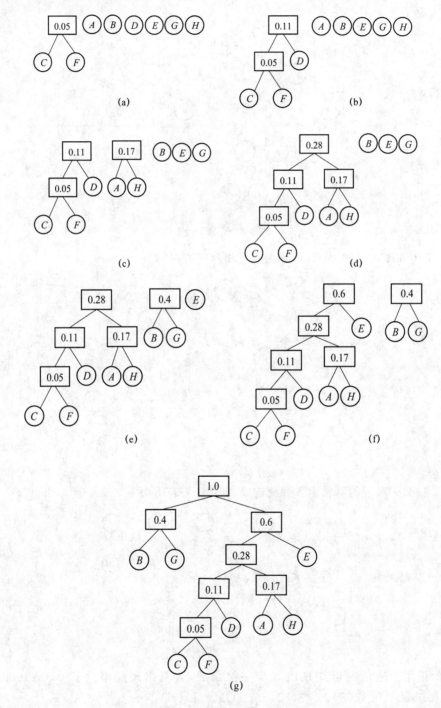

图 1-4-18　构造的哈夫曼树

（2）按照左支编码 0，右支编码 1 的原则，可得：

A　1010

$B$　00

$C$　10000

$D$　1001

$E$　11

$F$　10001

$G$　01

$H$　1011

（3）WPL＝$0.07 * 4 + 0.19 * 2 + 0.02 * 5 + 0.06 * 4 + 0.32 * 2 + 0.03 * 5 + 0.21 * 2 + 0.10 * 4 = 2.61$

（4）$\eta = \dfrac{8 \times 8}{4 + 2 + 5 + 4 + 2 + 5 + 2 + 4} = 2.29$

## 4.4　练　习　题

1. 填空题。

（1）一棵二叉树的第 $i$ 层最多有＿＿＿＿个结点；一棵有 $n$ 个结点的满二叉树共有＿＿＿＿个叶子结点和＿＿＿＿个非叶子结点。

（2）设高度为 $h$ 的二叉树上只有度为 0 和度为 2 的结点，该二叉树的结点数可能达到的最大值是＿＿＿＿，最小值是＿＿＿＿。

（3）已知一棵度为 3 的树有 2 个度为 1 的结点，3 个度为 2 的结点，4 个度为 3 的结点，则该树中有＿＿＿＿叶子结点。

（4）具有 $n$ 个结点的二叉链表的二叉树中，共有＿＿＿＿个指针域，其中＿＿＿＿指针域用于指向其左右孩子，剩下＿＿＿＿个指针域是空指针。

（5）在 $n$ 个叶子结点的哈夫曼树中，度为 2 的结点总数为＿＿＿＿，度为 1 的结点总数为＿＿＿＿。

（6）一棵结点数为 $N$ 的二叉树，其所有结点的度的总和是＿＿＿＿。

（7）若对一棵完全二叉树从 0 开始进行结点的编号，并按此编号把它顺序存储到一维数组 $A$ 中，即编号为 0 的结点存储到 $A[0]$ 中。其余类推，则 $A[i]$ 元素的左孩子元素为＿＿＿＿，右孩子元素为＿＿＿＿，双亲元素为＿＿＿＿，设左右孩子和双亲都存在。

（8）设一棵二叉树的前序遍历序列和中序遍历序列均为 $ABC$，则该二叉树的后序遍历序列为＿＿＿＿。

2. 单选题。

（1）设森林中有 4 棵树，树中结点的个数依次为 $n_1$、$n_2$、$n_3$、$n_4$，则把森林转换成二叉树后，其根结点的右子树上有（　　）个结点，根结点的左子树上有（　　）个结点。

A. $n_1 - 1$　　　　B. $n_1$　　　　C. $n_1 + n_2 + n_3$　　　　D. $n_2 + n_3 + n_4$

（2）讨论树、森林和二叉树的关系，目的是为了（　　）。

A. 参考二叉树上的运算实现树的一些运算

B. 将树、森林按照二叉树的存储方式进行存储并利用二叉树的算法解决树的问题

C. 将树、森林转换成二叉树

D. 体现一种技巧,没什么实际意义

(3) 由权值分别为 11,8,6,2,5 的叶子结点生成一棵哈夫曼树,它的带权路径长度为(　　)。

　　A. 24　　　　　　　B. 71　　　　　　　C. 48　　　　　　　D. 53

3. 已知一棵度为 $m$ 的树中有:$n_1$ 个度为 1 的结点,$n_2$ 个度为 2 的结点,$\cdots$,$n_m$ 个度为 $m$ 的结点,问该树中共有多少个叶子结点?

4. 请画出图 1-4-19 所示二叉树对应的森林。

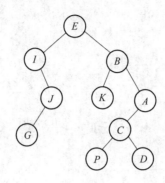

图 1-4-19　需要转换成森林的二叉树

5. 给定一组权值 23,15,66,07,11,45,33,52,39,26,58,试构造一棵具有最小带权路径的扩展 4 叉树,要求该 4 叉树的所有分支结点的度为 4,求该树的最短路径长度。

6. 算法设计题。

(1) 设计算法求二叉树已知结点的双亲结点。

(2) 设计算法交换二叉树中所有结点的左右子树。

# 第5章 图

## 5.1 本章导学

### 5.1.1 知识点 MAP 图

本章的知识点 MAP 图如图 1-5-1 所示,其中第 3 层代表了本章学习的主线。

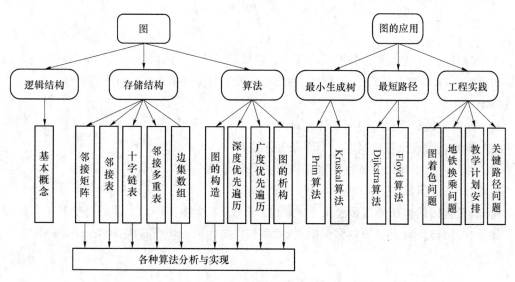

图 1-5-1 知识点 MAP 图

### 5.1.2 学习重点

本章研究了逻辑结构中最复杂的一类结构——图,由于图能够描述现实世界中的复杂事物的关系模型,因而图的应用相比线性表和树更为广泛。本章以图的逻辑结构和存储结构为主线,重点讨论了基于不同存储结构的图的遍历算法——深度优先遍历和广度优先遍历;接着,研究了基于通信中的组播问题的核心算法——最小生成树;基于构造最小代价通信网的问题的核心算法——最短路径;最后,基于图的基本理论对图的着色问题、地铁换乘问题、教学计划安排问题、关键路径问题在实际中的应用进行了分析与探讨。

图有很多重要的应用,这些重要应用构成本章的难点,对这些重要应用的学习首先要把握其基本思想,分析算法使用的存储结构和引入的辅助数据结构,重点理解基本思想如何在实现代码中体现,从而提高算法设计的能力。

因此,本章的学习重点包括以下内容:

(1) 图的存储结构;

(2) 图的遍历算法;

(3) 最小生成树;

(4) 最短路径;

(5) 图在工程实践中的灵活应用。

本章的学习难点包括以下内容:

(1) 图的遍历算法的实现;

(2) Prim 和 Kruskal 算法的实现;

(3) Dijkstra 算法的实现;

(4) 理解体会图在工程实践中的使用。

# 5.2 扩展学习

本章的难点之一是图的遍历算法的实现。根据我们已经学习的基于邻接矩阵和邻接表结构的遍历算法,如何实现非递归的深度优先遍历呢?关于图还有哪些扩展问题需要解决?

问题如下:

(1) 如何非递归进行图的深度优先遍历?

(2) 如何利用遍历算法判断一个图是否连通?

(3) 如何在图中找出一条包含所有顶点的简单路径?

(4) 图的染色问题还有其他的实现方法吗?

所以,掌握图的遍历的逻辑思维方式,才能举一反三。本节中以上问题都是基于邻接矩阵的存储结构进行讨论,为了和教材保持一致,我们需要生成一个模板类 MGraph,其 C++表示如下:

```cpp
const int MAXSIZE = 10;
template<class T> class MGraph
{
private:
        T vertex[MAXSIZE];                    //顶点
        int arc[MAXSIZE][MAXSIZE];            //弧
        int vNum, arcNum                      //顶点数、边数
        ……

};
```

## 5.2.1　非递归深度优先遍历问题

### 1. 编程思路

深度优先遍历算法的非递归实现要了解深度优先遍历的执行过程,从某一结点开始的深度优先遍历主要由两个过程反复构成:探测和回溯。

(1) 探测:指的是找到当前结点的一个未访问的邻接点进行访问,这是一个进栈的操作。

(2) 回溯:指的是找不到当前结点的未访问的邻接点,则需要返回到上一次访问的结点,这是一个出栈的操作。

反复进行这两个操作,直到栈空为止。

为了方便实现该算法,需要注意以下三点:

(1) 非递归必须要使用栈来实现。

(2) 需要标记结点是否已访问,事先定义 bool bVisited[MAXSIZE]=false。

(3) 根据前面的分析,分成查找 $v$ 的邻接点、进栈和出栈三个步骤。

① 查找 $v$ 的邻接点:遍历邻接矩阵,寻找 arc[$v$][$i$] == 1($v$ 和 $i$ 邻接)和 bVisited[$i$] == true($i$ 未访问)的结点 $i$。

② 进栈:若找到结点 $i$,则进栈。

③ 出栈:若找不到结点 $i$,则栈顶元素 $v$ 出栈,返回①。

### 2. 程序代码

```
template < class T >
void MGraph < T >::DFS(int v)
{
    int stack[MAXSIZE];                    //定义顺序栈
    int top = -1, i = 0;
    cout << v <<'\t';                      //访问结点 v
    bVisited[v] = true;                    //设置访问标记
    stack[++ top] = v;                     //结点 v 入栈

    while(top! = -1)
    {
        v = stack[top];
        for(i = 0; i < vNum; i++)
            if(arc[v][i] == 1 && ! bVisited[i])//查找未访问过的邻接点
            {
                cout << i <<'\t';          //访问结点 i
                bVisited[i] = true;        //设置访问标记
                stack[++ top] = i;         //i 入栈
                break;
            }
```

```
        if(i == vNum) top--;                        //若是找不到未访问的结点,出栈
    }
}
```

## 5.2.2 判断图 G 是否连通的问题

本题分成两种情况进行分析:无向图和有向图。

(1) 无向图

对于无向图来说,方法较为简单,图的深度优先遍历或广度优先遍历从任意一个结点开始,一次就能够访问到所有结点,即可判断该图是连通图还是非连通图。所以该问题转化为:如何判断一次遍历是否访问到所有的结点?

解决的方法是:添加一个计数器变量 int count=0;访问 $n$ 个顶点的图,则从任意一个顶点开始遍历,每访问一个顶点,计数器加一,遍历结束时,若计数器 count==n,该图为连通图,否则为非连通图。

为了简便,本例使用深度优先遍历的递归方法实现,程序代码如下:

```
template class<T>
bool MGraph<T>::IsConnectedGraph()
{
    int v = 0;                                      //起始顶点下标,任意
    DFS(v);
    if(count == vNum)
        return true;
    return false;
}
template class<T>
void MGraph<T>::DFS(int v)
{
    int i = 0;
    bVisited[v] = true;
    count++;                                        //计数器加 1
    for(i = 0;i < vNum; i++)
        if(arc[v][i] == 1 && ! bVisited[i])         //查找未访问过的邻接点
            DFS(i);
}
```

(2) 有向图

对于有向图来说,从 $A$ 点出发能够访问到 $B$ 点,但反过来却不一定成立,因此仅从任意一个顶点出发深度优先遍历或广度优先遍历一次不能判断该图是否为强连通图。当然,可以从每一个结点出发都遍历一遍,若每一次遍历都能访问到全部结点,便能判断该有向图为强连通图;否则为非强连通图。

请读者根据无向图的实现方法,自行实现该算法。

## 5.2.3　哈密顿路径问题

在已知图 G 中找出一条包含所有顶点的简单路径,该路径称为哈密顿路径。

**1. 编程思路**

寻找哈密顿路径的过程实质是一个深度优先遍历的过程。在遍历过程中,如果有回溯,说明在遍历经过的路线中存在重复访问的顶点,所以可以修改深度优先遍历算法,使其在遍历过程中取消回溯。

下面通过一个具体的例子来说明搜索的过程。

在图 1-5-2(a)中,首先从顶点 $v_1$ 开始,访问 $v_1$ 后,由顶点 $v_1$ 访问其未访问过的邻接点 $v_2$,如图(b)所示。接下来回溯到顶点 $v_1$ 后,选择 $v_1$ 的下一个邻接点 $v_3$ 往下搜索,而为了回溯使 $v_2$ 能够被重新搜索,应取消顶点 $v_2$ 的访问标志,如图(c)所示。类似的,由顶点 $v_3$ 出发访问其未访问的邻接点 $v_2$ 后,又产生回溯,再次取消顶点 $v_2$ 的访问标志,如图(d)所示。由顶点 $v_3$ 出发访问其未访问的邻接点 $v_4$,再由顶点 $v_4$ 出发访问其未访问的邻接点 $v_2$,得到一条简单路径如图(e)所示。

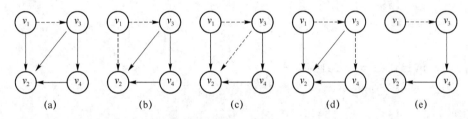

图 1-5-2　求简单路径的搜索过程

由上述过程可知,取消访问标记是本题的关键,该操作应该在遍历算法中回溯后重新搜索前进行。按照上述搜索方法,只要存在一条以顶点 $v_1$ 为始点的简单路径,则从顶点 $v_1$ 出发进行深度优先遍历就一定能求解出来。若不存在以 $v_1$ 为起点的简单路径,可以取消所有顶点的访问标记,重新选择起始顶点进行搜索。

此外,还要考虑两个问题:

(1) 如何判断搜索成功?

(2) 当搜索成功时,如何输出路径?

问题(1)很好解决,添加一个计数器 int count＝0,每搜索一个顶点该计数器加 1,则 $n$ 个顶点的图中计算器等于 $n$,则说明搜索成功。

问题(2)添加一个数组 int S[MAXSIZE],依次保存搜索简单路径上每一个结点的值,当搜索成功时,输出该数组即可。

**2. 程序代码**

```
template class <T>

void MGraph <T>::Hamilton()
{
    for(int i = 0;i < vNum;i ++)
```

```
    {
        count = 0;
        DFS(i);                              //从结点 i 开始深度优先遍历
        if(count == vNum)                    //判断是否是简单路径
            for(int j = 0;j < vNum;j ++ )    //输出简单路径
                cout << S[j]<<´\t´;
    }
}
template class < T >
void MGraph < T >::DFS(int v)
{
    int i = 0;
    bVisited[v] = true;
    S[ ++ count] = v;
    for(i = 0;i < vNum; i ++ )
        if(arc[v][i] == 1 && ! bVisited[i])   //查找未访问过的邻接点
            DFS(i);
    if(i == vNum)                             //找不到未访问的邻接点,回溯
    {
        bVisited[v] = false;
        count --;
    }
}
```

## 5.3　课后习题指导

1. 填空题。

(1) 具有 11 个顶点的无向图,最多能有_____条边。

**解析**:完全图是边数最多的图,参考完全图的定义即可。

答案:$n*(n-1)/2=11*10/2=55$

(2) 有 $n$ 个顶点的强连通有向图 G 至少有_____条弧。

答案:$n$

(3) G 为无向图,如果从 G 的某个顶点出发,进行一次广度优先遍历,即可访问图的每个顶点,则该图一定是_____图。

**解析**:若一次遍历能访问所有的结点,说明各个结点之间都可达。

答案:连通

(4) 若采用邻接矩阵结构存储具有 $n$ 个顶点的图,则对该图进行广度优先遍历的算法时间复杂度为_____。

**解析**：广度优先遍历需要遍历 $n$ 个结点,对于每一个结点需要遍历邻接矩阵的一行以找出该结点的所有连接点,即循环 $n$ 次,因此,总的时间复杂度是 $O(n^2)$。

答案：$O(n^2)$

（5）$n$ 个顶点的连通图的生成树有_____条边。

答案：$n-1$

（6）图的深度优先遍历类似于树的_____遍历；图的广度优先遍历类似于树的_____遍历。

答案：前序　层序

（7）对于含有 $n$ 个顶点 $e$ 条边的连通图,得用 Prim 算法求最小生成树的时间复杂度,时间复杂度为_____。

答案：$O(n^2)$

（8）已知无向图 G 的顶点数为 $n$,边数为 $e$,其邻接表表示的空间复杂度为_____。

答案：$O(n+e)$

（9）一棵具有 $n$ 个顶点的生成树有且仅有_____条边。

答案：$n-1$

2. 单选题。

（1）在一个无向图中,所有顶点的度数之和等于所有边数的（　　）倍。

A. 1/2　　　　　B. 1　　　　　C. 2　　　　　D. 4

**解析**：顶点的度指的是与该顶点相连的边数,每一条边和两个顶点相连,因此该条边被相邻的两个顶点各计算 1 次,因此图的总度数是边数的两倍。

答案：C

（2）在一个具有 $n$ 个顶点的有向图中,若所有顶点的出度数之和为 $S$,则所有顶点的度数之和为（　　）。

A. $S$　　　　　B. $S-1$　　　　　C. $S+1$　　　　　D. $2S$

答案：D

（3）具有 $n$ 个顶点的有向图最多有（　　）条边。

A. $n$　　　　　B. $n(n-1)$　　　　　C. $n(n+1)$　　　　　D. $n^2$

答案：B

（4）含 $n$ 个顶点的连通图中任意一条简单路径,其长度不可能超过（　　）。

A. 1　　　　　B. $n/2$　　　　　C. $n-1$　　　　　D. $n$

**解析**：若超过 $n-1$,则路径中必存在重复的顶点。

答案：C

（5）若一个图中包含有 $k$ 个连通分量,若按照深度优先搜索的方法访问所有顶点,则必须调用（　　）次深度优先搜索遍历的算法。

A. $k$　　　　　B. 1　　　　　C. $k-1$　　　　　D. $k+1$

**解析**：一次深度优先搜索可以访问一个连通分量中的所有结点,因此 $k$ 个连通分量需要调用 $k$ 次深度优先遍历算法。

答案：A

（6）若一个图的边集为{〈1,2〉,〈1,4〉,〈2,5〉,〈3,1〉,〈3,5〉,〈4,3〉}，则从顶点 1 开始对该图进行深度优先遍历，得到的顶点序列可能为（　　）。

A. 1,2,5,4,3　　　　B. 1,2,3,4,5　　　　C. 1,2,5,3,4　　　　D. 1,4,3,2,5

**解析**：根据图的边集信息可得如图 1-5-3 所示的有向图，因此从 1 点开始遍历的顺序可以为 1、2、5、4、3。

**答案**：A

（7）若一个图的边集为{(A,B),(A,C),(B,D),(C,F),(D,E),(D,F)}，则从顶点 A 开始对该图进行广度优先遍历，得到的顶点序列可能是（　　）。

A. A,B,C,D,E,F　　　　　　　　B. A,B,C,F,D,E

C. A,B,D,C,E,F　　　　　　　　D. A,B,C,D,F,E

**解析**：根据图的边集信息可得如图 1-5-4 所示的无向图，从 A 点开始广度遍历则为 A、B、C、D、E、F。

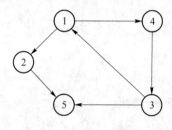
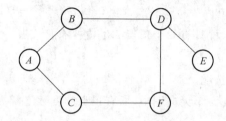

图 1-5-3　构造有向图　　　　　　　　　　图 1-5-4　构造无向图

**答案**：A

（8）存储无向图的邻接矩阵是（　　），存储有向图的邻接矩阵是（　　）。

A. 对称的　　　　　　B. 非对称的

**答案**：A　B

（9）采用邻接表存储的图的广度优先遍历算法类似于二叉树的（　　）。

A. 先序遍历　　　　B. 中序遍历　　　　C. 后序遍历　　　　D. 按层遍历

**答案**：D

（10）设有一个无向图 $G=(V,E)$ 和 $G'=(V',E')$，如果 $G'$ 为 $G$ 的生成树，则下面不正确的说法是（　　）。

A. $G'$ 为 $G$ 的子图

B. $G'$ 为 $G$ 的连通分量

C. $G'$ 为 $G$ 的极小连通子图且 $V'=V$

D. $G'$ 为 $G$ 的一个无环子图

**解析**：连通分量的定义是极大连通子图，即该子图包含所有的顶点和与这些顶点相连的所有的边。生成树的定义是极小连通子图，是子图的一种，并且本书所有的图均是无环图，因此 A、C、D 是正确的。

**答案**：B

3. 画出图 1-5-5 所示的无向图的邻接表（顶点按照 ASCII 排列），并根据所得邻接表给出从 A 点开始的深度优先和广度优先搜索遍历该图所有顶点序列。

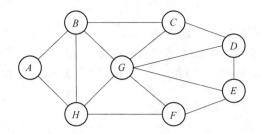

图 1-5-5　无向图

答案:邻接表如图 1-5-6 所示。

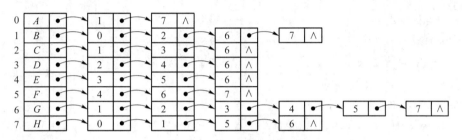

图 1-5-6　无向图的邻接表

深度优先:*ABCDEFGH*

广度优先:*ABHCGFDE*

4.分别使用普里姆算法和克鲁斯卡尔算法构造出如图 1-5-7所示图 G 的一棵最小生成树。

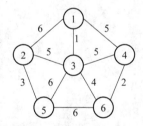

图 1-5-7　图 G

答案:根据不同算法构造的最小生成树如图 1-5-8 所示。

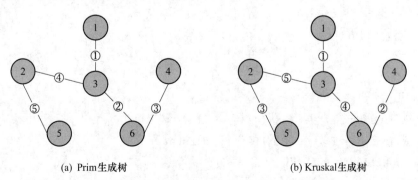

(a) Prim生成树　　　　　　　　(b) Kruskal生成树

图 1-5-8　最小生成树

5. 算法设计

以邻接表为存储结构，设计实现深度优先遍历的非递归算法。

答案：参考 5.2.1 小节基于邻接矩阵实现深度优先遍历的非递归算法，修改查找未访问过的邻接点的方法即可。实现该算法的邻接表的存储结构如下，包括顶点结点、弧结点和邻接表类结构：

```
struct VertexNode{                    //顶点结点
char Vertex;                          //数据域:顶点信息
    ArcNode * firstarc;               //指针域:指向第一条弧结点
};
struct ArcNode{                       //弧结点
    int adjvex;                       //数据域:邻接顶点下标
    ArcNode * next;                   //指针域:指向下一条弧结点
};
const int MAXSIZE = 10;
template < class T > class ALGraph    //邻接表类
{
private:
    VertexNode adjlist[MAXSIZE];      //结点
    int      vNum, arcNum;            //顶点数目和弧的数目
……
};
```

| vertex | firstarc |
|---|---|

顶点结点

| adjvex | nextarc |
|---|---|

弧结点

程序代码实现：

```
template < class T >
void AGraph < T >::DFS(int v)
{
int stack[MAXSIZE];                   //定义顺序栈
    int top = -1;
    cout << v << '\t';                //访问结点 v
    bVisited[v] = true;               //设置访问标记
    stack[++ top] = v;                //结点 v 入栈

    while(top! = -1)
    {
        v = stack[top];
        ArcNode < T > * p = adjlist[v]. firstarc;  ①
        while(p! = NULL)                           ②
        {
            int i = p -> adjvex;                   ③
```

```
        if(!bVisited[i])            //查找未访问过的邻接点
        {
            cout << i <<´\t´;       //访问结点 i
            bVisited[i] = true;     //设置访问标记
            stack[++ top] = i;      //i 入栈
            break;
        }
        p = p -> next;          ④
    }
    if(p == NULL) top--;        ⑤      //若是找不到未访问的结点,出栈
}
}
```

注:上述代码中标记①～⑤的黑体代码部分为基于邻接矩阵和基于邻接表两种不同的存储结构实现非递归深度遍历算法的不同之处,请自行对比 5.2.1 小节的代码学习邻接矩阵和邻接表在处理结点时的区别。

## 5.4　练 习 题

1. 填空题。

(1) 任何连通图的连通分量只有 1 个,即为_____。

(2) 一个有向图的邻接表和逆邻接表中的结点个数_____。

(3) 对于含有 $n$ 个顶点 $e$ 条边的连通图,得用 Kruskal 算法求最小生成树的时间复杂度为_____。

(4) 设某无向图中顶点数和边数分别为 $n$ 和 $e$,所有顶点的度数之和为 $d$,则 $d =$ _____。

(5) 设某无向图 G 中有 $n$ 个顶点,用邻接矩阵 $A$ 作为该图的存储结构,则顶点 $i$ 和顶点 $j$ 互为邻接点的条件是_____。

(6) 在图的邻接表中用顺序存储结构存储表头结点的优点是_____。

2. 单选题。

(1) 图 G 是一个非连通无向图,共有 28 条边,则该图至少有(　　)个顶点。

A. 6　　　　　　　B. 7　　　　　　　C. 8　　　　　　　D. 9

(2) 最小生成树指的是(　　)。

A. 由连通网所得到的边数最少的生成树

B. 由连通网所得到的顶点数相对较少的生成树

C. 连通网中所有生成树中权值之和最小的生成树

D. 连通网的极小连通子图

(3) 无向图的邻接矩阵是(　　),有向图的邻接矩阵是(　　)。

A. 上三角矩阵　　B. 下三角矩阵　　C. 对称矩阵　　D. 无规律

(4) 假设一个有 $n$ 个顶点和 $e$ 条弧的有向图用邻接表表示,则删除与某个顶点 $v_i$ 相关的所有弧的时间复杂度是(    )。

A. $O(n)$          B. $O(e)$          C. $O(n+e)$          D. $O(n*e)$

(5) 在含 $n$ 个顶点和 $e$ 条边的无向图的邻接矩阵中,零元素的个数为(    )。

A. $e$          B. $2e$          C. $n^2-e$          D. $n^2-2e$

3. 已知一个连通图 G 如图 1-5-9 所示,字母按照 ASCII 码大小排序,请给出该图的邻接矩阵和邻接表的存储表示示意图,若从 A 出发对该图进行遍历,分别给出深度优先遍历和广度优先遍历的顶点序列。

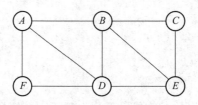

图 1-5-9  无向图 G

4. 如图 1-5-10 所示图 G 是一个无向带权图,请分别按 Prim 算法和 Kruskal 算法构造最小生成树。

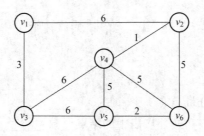

图 1-5-10  无向带权图 G

5. 对于图 1-5-11 所示带权有向图,利用 Dijkstra 算法求从源点 2 到其他各顶点的最短路径。

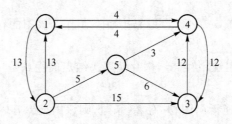

图 1-5-11  带权有向图 G

# 第6章
# 查找

## 6.1 本章导学

### 6.1.1 知识点 MAP 图

本章的知识点 MAP 图如图 1-6-1 所示,其中第 3 层代表了本章学习的主线。

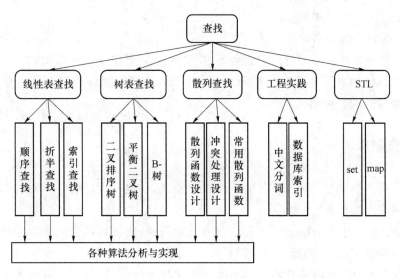

图 1-6-1　知识点 MAP 图

### 6.1.2 学习重点

本章研究了目前广泛应用的查找技术,包括基于线性表的静态查找技术,基于树表的动态查找技术,以及理论上查找性能最快的散列查找技术。本章学习的要点在于针对不同数据的存储结构和查找目标,学习灵活运用不同的查找方法来解决问题,其中的难点在于学习数据原始存储结构到查找结构的转换,以及学习使用计算平均查找长度来评估不同查找算法的性能。

因此,本章的学习重点包括以下内容:

(1)折半查找算法及性能分析;

(2)二叉排序树的构造和动态查找过程;

(3)散列表的构造和查找过程;

(4)各种查找算法的平均查找长度的计算 ASL。

本章的学习难点包括以下内容:

(1)折半查找的递归和非递归算法实现;

(2)二叉排序树的插入和删除算法;

(3)体会查找算法在工程实践中的应用。

# 6.2  扩 展 学 习

本章的难点之一是二叉排序树的实现,包括二叉排序树的递归构造、递归查找、递归插入和删除操作,那么二叉排序树的这些算法能否使用非递归的方法实现呢?此外,关于散列查找技术主要讲解了散列函数和冲突处理的原理和方法,那么实际使用的时候该如何实现呢?

因此,本章需要通过扩展学习解决的问题如下:

(1)算法的时空效率如何权衡?

(2)如何使用非递归实现二叉排序树?

(3)如何使用链地址法实现构造散列表、查找散列表、计算 ASL 的算法?

通过一些具体的事例进行算法实现,掌握这些算法实现的规律和逻辑思维方式,从而举一反三解决其他类似的查找问题。

## 6.2.1  时空效率

算法设计有一个重要的原则:时间/空间权衡原则,一般来说,牺牲空间或其他替代资源,通常都可以减少时间代价。例如:

(1)在单链表中添加头结点。用头结点的空间开销,使得单链表的插入和删除等操作不用考虑表头的特殊情况,从而减少了时间代价,简化了算法。

(2)在双链表中添加前驱指针。用指针的空间结构性开销,使得查找前驱结点的时间效率大大提升。

(3)在二叉链表中,附设双亲指针域形成三叉链表,减少了查找双亲的时间开销。

(4)在有向图中,将邻接表和逆邻接表结合,形成十字链表,可以减少对出边、入边操作开销。

(5)在顺序查找中,增加了一个数组单元——哨兵,避免了在比较过程中的数组下标越界问题,并且查找性能提升了 1 倍。

(6)在散列技术中,散列表的平均查找长度是装填因子的函数,在很多情况下,散列表的长度都比查找集合大,但换来的是极高的查找效率。

但必须说明的是,并不是所有情况下,时间和空间这两种资源都必须相互竞争,实际上,它们可以联合起来,使得一个算法无论在运行时间上还是消耗的空间上都达到最小化。

## 6.2.2 非递归实现二叉排序树

**编程思路:**

二叉排序树是动态查找的主要方法,因此其插入算法、删除算法、查找算法都成了二叉排序树的主要操作。本书配套的教材讲解了关于二叉排序树这些主要操作的递归实现,实际上,使用非递归的方法实现插入、删除等算法,更易于算法思想的理解,也方便读者清晰地掌握算法的过程。因此,本小节将从非递归的方式完整讲解和实现二叉排序树插入、删除和查找算法。

(1) 二叉排序树的结点存储结构和类结构

```
template < class T > class BiNode          //结点存储结构
{
public:
    T data;
    BiNode < T >    * lch;
    BiNode < T >    * rch;
};
template < class T > class BST             //二叉排序树类
{
public:
    BiNode < T > *  Root;                  //根结点
......
};
```

(2) 二叉排序树的插入

回想一下单链表的插入算法,二叉树的插入和单链表的插入有什么相似之处? 对单链表来说,需要查找插入位置的前驱结点,然后才能插入;对二叉树只不过换成查找插入位置的父结点,然后插入即可。

所以,这个问题就转化为如何查找插入位置的父结点? 如图 1-6-2 所示示意图,将 key=22 插入到二叉排序树中,设结点指针 p 和 q,p 为 q 的父结点,查找插入位置的父结点的步骤如下:

a. 当插入值 key 小于 p 结点的值,q=p->lch;否则 q=p->rch;

b. 若 q!=NULL,则迭代 p=q;返回 a;

c. 若 q==NULL,查找结束,p 就是插入位置的父结点;

d. 生成新的结点 q,if(key<p->data),q 为 p 的左孩子;否则 q 为 p 的右孩子。

注意:当插入第 1 个结点时,需要特殊处理。

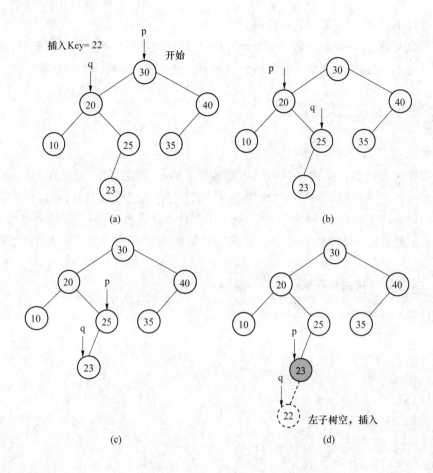

图 1-6-2  二叉树的插入步骤

程序代码如下：

```
template < class T >
void BST < T >::InsertBST(BiNode < T > * &R, T key)    //R为根结点指针,key为待插入数据
{
    BiNode < T > *  p = R, * q = R;              //初始化指针p和q
    while(q! = NULL)
    {
        p = q;
        if(key < = p - > data)   q  = q - > lch;
        else                q = q - > rch;
    }
    q = new BiNode < T >;                         //生成新结点q
    q - > data  = key;
    q - > lch = q - > rch = NULL;

    if(p == NULL)                 R = q;          //当插入第一个结点时的处理
```

```
    else if(key<=p->data)     p->lch = q;
    else                      p->rch = q;
}
```

上述非递归插入算法较为烦琐,能否有更简洁的实现方法呢? 我们参考第 4 章二叉树的非递归构造方法,不必查找插入位置的父结点,也能进行插入的一种算法。这里,需要使用一种指针的指针的类型 ∗∗,该类型的变量将能够保存结点指针的地址,从而简化插入操作。其基本思想是:

a. 从根结点开始查找插入的位置,初始化时使用 R 保存根结点指针的地址,即 R=&Root。

b. 若(∗R)!=NULL,则当 key<=(∗R)->data,则 R 保存其左孩子指针的地址;否则 R 为其右孩子指针的地址;返回 b。

c. 若(∗R)==NULL,则生成新的结点,插入到 R 的位置。

注:∗R 的类型就是结点指针,(∗R)->data 可以访问结点的内容;(∗R)->lch 是结点左指针,因此 &((∗R)->lch)就是表示结点左指针的地址。

程序代码如下:

```
template<class T>
voidBST<T>::InsertBST(BiNode<T>** R, T key)
//R 为根结点指针的地址,key 为待插入数据
{
    while((*R)! = NULL)                    //当前结点存在
    {
        if(key<=(*R)->data)
            R = &((*R)->lch);             //遍历左子树
        else
            R = &((*R)->rch);             //遍历右子树
    }
    (*R) = new BiNode<T>;
    (*R)->data = key;
    (*R)->lch = (*R)->rch = NULL;
}
```

通常非递归实现递归的算法时需要使用栈来实现,但本例中这两种方法实现二叉排序树的插入均未使用栈,原因是在二叉排序树查找插入位置的操作是一个单向从上到下的查找过程,不需要进行回溯,因此不必使用栈来实现。

(3)二叉排序树的查找

二叉排序树的非递归查找算法相对要简单些,只需要从根结点开始,按照查找元素值的大小依次向下查找左孩子或右孩子即可。

程序代码如下:

```
template<class T>
BiNode<T>* BST<T>::Search(BiNode<T>* R, T key)   //R 为根结点,key 为待查找
```

元素
```
    {
        while(R! = NULL)
        {
            if(key == R-> data)
                return R;                    //查找成功
            else if(key<= R-> data)        //左子树查找
                R = R-> lch;
            else
                R = R-> rch;                //右子树查找
        }
        return NULL;                        //查找失败
    }
```

（4）二叉排序树的删除

二叉排序树的非递归删除操作由两部分组成：

一是查找要删除的结点。该部分若要非递归查找要删除的结点，算法思想与二叉排序树的查找相同，只是查找过程中用来传递的类型变为指针的指针 ** 类型。

二是删除该结点部分。该部分的程序结构与教材删除结点的代码结构完全相同，区别仅在于函数参数的类型不同，将要删除的结点指针类型 *& 改为指向删除结点指针的地址 **，然后，函数实现代码中进行相应的改变即可。

程序代码如下：

```
template< class T>
bool BST<T>::DeleteBST (BiNode<T> ** R, T key)            //查找要删除的结点
//R是二叉排序树根结点，key是关键字
{
    while((*R)! = NULL)
    {
        if(key == (*R)-> data)
        {
            Delete(R);    return true;      //找到匹配关键字的结点R,并删除
        }
        else if(key<= (*R)-> data)
            R = &(*R)-> lch;                //在左子树中查找
        else
            R = &(*R)-> rch;                //在右子树中查找
    }
    return false;                          //未找到与关键字匹配的结点
}
```

说明：Delete(R)的函数调用，传递的参数是二叉排序树上指向删除结点的指针的地址。

删除结点的操作分成三种情况：

a. 要删除的结点只有右子树，则使用该结点的右子树替换该结点，删除该结点即可。

b. 要删除的结点只有左子树，则使用该结点的左子树替换该结点，删除该结点即可。

c. 要删除的结点左、右子树都存在，则需寻找该结点的前驱结点，使用前驱结点的值替换该结点，然后删除前驱结点。

程序代码如下：

```
template<class T>
voidBST<T>::Delete(BiNode<T>**R)      //删除结点R
{
    BiNode<T>*q,*s;
    if((*R)->lch==NULL)               //第一种情况:只有右子树
    {
        q=*R;                          //q指向要删除的结点
        *R=(*R)->rch;                  //删除结点的右子树上移
        delete q;                      //删除q
    }
    else if((*R)->rch==NULL)          //第二种情况:只有左子树
    {
        q=*R;                          //q指向要删除的结点
        *R=(*R)->lch;                  //删除结点的左子树上移
        delete q;                      //删除q
    }
    else                               //第三种情况:左、右子树都存在
    {
        q=*R; s=(*R)->lch;            //s是R的左支最右边的结点
        while(s->rch!=NULL)            // q是s的双亲
        {
            q=s;   s=s->rch;
        }
        (*R)->data=s->data;           //使用前驱数值替换当前结点数值
        if(q!=*R)
            q->rch=s->lch;            //s是q的右孩子,s无
        else
            (*R)->lch=s->lch;         //q=*R表示s为R指向结点的左孩子
        delete s;
    }
}
```

### 6.2.3　链地址法构造散列表

**编程思路：**

链地址法也叫拉链法，本书配套的教材上给出了散列查找技术中使用链地址法解决冲突的基本思想和原理，那么面对实际问题时，如何使用计算机来自动实现整个查找的过程呢？

例如：设散列表的长度为 $N=13$，散列函数为 $H(k)=k\%13$，假设测试序列数据为 19，14，23，01，68，20，84，27，55，11，10，79，编程实现用链地址法生成散列表，散列表的查找以及自动计算等概率下查找成功和查找不成功的平均查找长度 ASL。

实现步骤一：设置散列表存储结构。该散列表由两个结构构成。一是元素结点，如下所示。

```
template<class T>struct Node              //元素结点结构
{
    T data;
    Node<T>* next;
};
```

二是表头数组，数组中的元素是结点指针，数组长度为 $N$，可静态或动态生成。

(1) 静态生成表头数组：Node<T>* HT[N]；(此时要求 $N$ 必须为常量)。

(2) 动态生成表头数组：Node<T>** HT；HT = new Node<T>* [N]。

由于表头数组的长度 $N$ 根据散列函数得来，该值一般为变量，所以使用动态生成表头数组，扩展性、灵活性更好。

实现步骤二：散列表类的主要算法。

(1) 散列函数。散列表根据散列函数生成，一个通用的类能够使用不同的散列函数，因此，将散列函数单独实现；函数原型如下：

int hash(T key)；//key 为生成散列表的数据，返回值为该元素在散列表中的地址。

(2) 构造散列表。散列表有输入的数据根据散列函数生成，是散列表中最关键的操作；函数原型如下：

void CreateHashtable(T r[], int n)；//输入参数为长度为 n 的数组，生成的散列表为上一步骤的存储结构 HT。

(3) 散列表查找。根据散列函数和冲突处理的方法进行查找，函数原型如下：

bool Find(int key)；//key 为待查找的元素，返回值 true 证明该元素存在；否则查找失败；

(4) 计算 ASL。平均查找长度 ASL 分成查找成功和查找不成功两类，由参数 success 控制，$n$ 为数据元素的个数；函数原型如下：

double ASL(bool success,int n)；

(5) 散列表内存清理。当该散列表使用完毕后，需要清理内存，因此实现析构函数。

本例的散列表类声明如下：

```
template<class T>class LinkHash              //拉链法散列表类
{
private:
    Node<T>** HT;                            //散列表
    int N;                                   //散列表长度
public:
    LinkHash(int n) {N=n;}
    int hash(T x)   {return  x%13;}          //哈希函数,根据实际问题定义
    void CreateHashtable(T r[], int n);      //创建散列表
    bool Find(T key);                        //查找关键字
    double ASL(bool success,int n);          //计算 ASL 值
    ~LinkHash();
};
```

实现步骤三:创建散列表。

创建散列表的步骤分成两步:开辟散列表空间,将数据插入到散列表中。链地址法每插入一个元素需要生成一个新的结点,根据散列函数计算地址,将该结点插入到散列表的这个地址指向的空间。具体实现代码如下:

```
template<class T>
void LinkHash<T>::CreateHashtable(T r[], int n)   //r 为待查找的数据,n 为数据元
素数目
{
    HT = new Node<T>* [N];                   //动态申请散列表空间
    memset(HT,0,sizeof(Node<T>*)*N);         //散列表初始化
    for(int i=0;i<n;i++)
    {
        Node<T>* s = new Node<T>;            //生成新的结点
        s->data = r[i];
        s->next = HT[hash(r[i])];            //头插法插入该结点
        HT[hash(r[i])] = s;
    }
}
```

实现步骤四:散列表的查找。

该方法的实现较为简单,只需要使用散列函数找到元素所在链表的首位置,然后依次查找该链表即可。具体算法实现如下:

```
template<class T>
bool LinkHash<T>::Find(T key)                //在散列表中查找值为 key 的算法
{
    Node<T>* p = HT[hash(key)];              //定位元素所在链表表头位置
    while(p! = NULL)
```

```
        {
            if(key == p-> data)
                return true;                    //查找成功
            p = p-> next;
        }
        return false;                           //查找不成功
    }
```

实现步骤五:自动计算 ASL。

等概率情况下,查找成功的平均查找长度 ASL 需要遍历整个散列表,并计算每个元素的比较次数,然后进行累加求和,最后乘以元素被查找的概率 $1/n$ 即可。

查找不成功的 ASL 也需要遍历整个散列表,并计算每个位置查找到为空的比较次数,然后累加,最后乘以每个位置被查找的概率 $1/N$ 即可。

注意:只有和元素的比较计作比较 1 次,判断指针为 NULL,不算比较。

具体算法实现如下:

```
template< class T>
double   LinkHash< T>::ASL(bool success, int n)    //n 为待查找数据长度
{
    double sum = 0;                             //累加器
    Node< T>*  p = NULL;
    if(success)                                 //查找成功的 ASL
    {
        for(int i = 0;i < N;i ++ )              //遍历整个散列表
        {
            p = HT[i];
            int c = 0;                          //每个元素比较次数的计数器
            while(p! = NULL)
            {
                c ++;   sum = sum + c;   p = p-> next;
            }
        }
        return sum/n;                           //返回查找成功的 ASL
    }
    else                                        //查找不成功的 ASL
    {
        for(int i = 0;i < N;i ++ )
        {
            p = HT[i];
            int c = 0;                          //每个位置比较次数的计数器
            while(p! = NULL)
```

```
                {
                    c + +; p = p - > next;
                }
                sum = sum + c;
            }
        return sum/N;                              //返回查找不成功的 ASL
        }
    }
```

实现步骤六:清理内存。由于链地址法的结点是动态生成的,所以散列表使用完毕后需要先删除每个结点,然后删除表头数组。

```
template < class T >
LinkHash < T >::~LinkHash()
{
    for(int i = 0;i < N;i + + )
    {
        Node < T > *  p = HT[i];
        while(p! = NULL)
        {
            Node < T > *  q = p - > next;  delete p;  p = q;  //删除元素结点
        }
    }
    delete []HT;                                   //删除散列表
}
```

最后,测试函数如下,验证算法的正确性。

```
void main()
{
    int r[12] = {19,14,23,01, 68,20,84,27,55,11,10,79};
    LinkHash < int > LH(13);
    LH.CreateHashtable(r,12);
    cout <<"查找成功的 ASL = "<< LH.ASL(true,12)<< endl;
    cout <<"查找不成功的 ASL = "<< LH.ASL(false,12)<< endl;
}
```

## 6.3　课后习题指导

1. 填空题。

(1) 由 10 000 个结点构成的二叉排序树,在等概率查找的条件下,查找成功时的平均查找长度的最大值可能达到_____。

**解析:** 10 000 个结点按照二叉排序树的方式查找,最坏情况就是每层只有一个结点的单支二叉树,其查找效率退化成顺序查找,因此查找成功时的 $ASL = \dfrac{1}{n}\sum\limits_{i=1}^{n} i = 5\ 000.5$(其中 $n = 10\ 000$)。

**答案:** 5 000.5

(2) 长度为 11 的有序序列:1,12,13,24,35,36,47,58,59,69,71 进行等概率查找,如果采用顺序查找,则查找成功的平均查找长度为_____;如果采用二分查找,则查找成功的平均查找长度为_____;如果采用哈希查找,哈希表长为 15,哈希函数为 $H(\text{key}) = \text{key}\%13$,采用线性探查解决地址冲突,即 $d_i = (H(\text{key}) + i)\%15$,则查找成功的平均查找长度为(保留 1 位小数)_____。

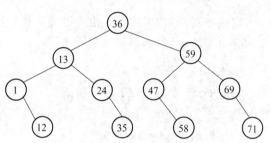

图 1-6-3 折半查找

**解析:** 顺序查找 $ASL = \dfrac{1}{11}\sum\limits_{i=1}^{11} i = 6$。

二分查找即折半查找,其查找树如图 1-6-3 所示,$ASL = (1 + 2*2 + 4*3 + 4*4)/11 = 3$。

哈希查找即散列查找,其散列表如表 1-6-1 所示,$ASL = (10*1 + 1*8)/11 = 1.6$。

表 1-6-1 哈希查找

| 地址 | 0 | 1 | 2 | 3 | 4 | 5 | 6 | 7 | 8 | 9 | 10 | 11 | 12 | 13 | 14 |
|---|---|---|---|---|---|---|---|---|---|---|---|---|---|---|---|
| key | 13 | 1 | | | 69 | | 58 | 59 | 47 | 35 | 36 | 24 | 12 | 71 | |

**答案:** 6　3　1.6

(3) 在折半查找中,查找终止的条件为_____。

**答案:** 找到匹配元素或者 low > high。

(4) 某索引顺序表共有元素 275 个,平均分成 5 块。若先对索引表采用顺序查找,再对块中元素进行顺序查找,则等概率情况下,分块查找成功的平均查找长度是_____。

**解析:** 首先每一块中的元素个数是 275/5 = 55,索引表顺序查找的 $ASL = (1+2+3+4+5)/5 = 3$;顺序表块中元素查找的 $ASL = \dfrac{1}{55}\sum\limits_{i=1}^{55} i = 28$;所以总的 $ASL = 3 + 28 = 31$。

**答案:** 31

(5) 高度为 8 的平衡二叉树的结点数至少是_____。

**解析:** 令 $F_k$ 表示含有最少结点的深度为 $k$ 的平衡二叉树的结点数目,则

$$F_1 = 1, F_2 = 2, \cdots, F_k = F_{k-1} + F_{k-2} + 1$$

所以:　$F_3 = 4, F_4 = 7, F_5 = 12, F_6 = 20, F_7 = 33, F_8 = 54$

**答案:** 54

(6) 对于这个序列 {25,43,62,31,48,56},采用的散列函数为 $H(k) = k\%7$,则元素 48 的同义词是_____。

**解析:** 计算余数:$25\%7 = 4$;$43\%7 = 1$;$62\%7 = 6$;$31\%7 = 4$;$48\%7 = 6$;$56\%7 = 0$。

**答案:** 62

（7）在各种查找方法中,平均查找长度与结点个数无关的查找方法是_____。

答案:散列查找

（8）一个按元素值排好的顺序表(长度大于2),分别用顺序查找和折半查找与给定值相等的元素,平均比较次数分别是 $s$ 和 $b$,在查找成功的情况下,$s$ 和 $b$ 的关系是_____;在查找不成功的情况下,$s$ 和 $b$ 的关系是_____。

**解析:**

① 设所有元素的个数为 $n$,显然有 $s=n*(n+1)/(2n)$,则 $n=2s-1$。

设折半查找树高度为 $k$,则前 $k-1$ 层是满二叉树,最后一层的结点数为 $n-(2^{k-1}-1)$。

因此,总比较次数

$$nb = 2^0*1+2^1*2+2^2*3+\cdots+2^{k-2}*(k-1)+[n-(2^{k-1}-1)]*k$$

而

$$2^0*1+2^1*2+2^2*3+\cdots+2^{k-2}*(k-1)=2^{k-1}*k-2^k+1$$

因此

$$nb=2^{k-1}*k-2^k+1+[n-(2^{k-1}-1)]*k=(n+1)k-2^k+1$$

又

$$k=\log_2 n+1,n=2s-1$$

所以

$$(2s-1)b=2s[\log_2(2s-1)]+1-2^{\log_2(2s-1)+1}+1$$

② 查找不成功,对于顺序查找有:$s=n$。对于折半查找,找不到的情况有 $n+1$ 种,查找到每个叶子结点或度为1的结点后就不再查找,设折半查找树高度为 $k$,则第 $k-1$ 层的结点数 $x=2^{k-2}$,第 $k$ 层的结点数 $y=n-(2^{k-1}-1)$。

a. 当第 $k$ 层的结点数 $y$ 小于等于第 $k-1$ 层的结点数 $x$ 时,第 $k-1$ 层有 $y$ 结点度为1,其余 $x-y$ 个结点度为0,则查找次数为

$$(n+1)b = 2yk+2(x-y)(k-1)+y(k-1) = 2x(k-1)+yk$$
$$(n+1)b = 2^{k-1}*(k-1)+[n-(2^{k-1}-1)]*k$$

b. 当第 $k$ 层的结点数 $y$ 大于第 $k-1$ 层的结点数 $x$ 时,第 $k-1$ 层不存在度为0的结点,有 $2x-y$ 个结点度为1,其余 $y-x$ 个结点度为2,则查找次数为

$$(n+1)b = 2yk+(2x-y)(k-1) = 2x(k-1)+y(k+1)$$
$$(n+1)b = 2^{k-1}*(k-1)+[n-(2^{k-1}-1)]*(k+1)$$

将 $k=\log_2 n+1,n=s$ 分别代入 a、b 两个等式即得。

答案:① $(2s-1)b=2s[\log_2(2s-1)+1]-2^{\log_2(2s-1)+1}+1$

② $(s+1)b=2^{\log_2 s}*\log_2 s+[s-(2^{\log_2 s}-1)]*\log_2 s$

或者 $(s+1)b=2^{\log_2 s}*\log_2 s+[s-(2^{\log_2 s}-1)]*(\log_2 s+2)$

2. 单选题。

（1）从一个具有 $n$ 个结点的单链表中查找其值等于 $x$ 的结点时,在查找成功的情况下,需平均比较（　　）个结点。

A. $n$　　　　　　B. $n/2$　　　　　　C. $(n-1)/2$　　　　　　D. $(n+1)/2$

答案:D

（2）对一个长度为50的有序表进行折半查找,最多比较（　　）次就能查找出结果。

A. 6　　　　　　B. 7　　　　　　C. 8　　　　　　D. 9

答案:A

（3）对有18个元素的有序表做折半查找,则查找 $A[3]$(下标从1开始)的比较序列的下

标依次为（　　）。

A. 1—2—3　　　　B. 9—5—2—3　　　C. 9—5—3　　　　D. 9—4—2—3

答案：D

（4）在平衡二叉树中插入一个结点后造成了不平衡，设最低的不平衡点为 $A$，并已知 $A$ 的左孩子的平衡因子为 $-1$，右孩子的平衡因子为 $0$，则做（　　）型调整以使其平衡。

A. LL　　　　　　B. LR　　　　　　C. RL　　　　　　D. RR

答案：B

（5）理论上，散列表的平均比较次数为（　　）次。

A. 1　　　　　　B. 2　　　　　　C. 4　　　　　　D. $n$

答案：A

（6）二叉排序树中，最小值结点的（　　）。

A. 左指针一定为空　　　　　　　　B. 右指针一定为空

C. 左、右指针均为空　　　　　　　D. 左、右指针均不为空

答案：A

（7）散列技术中的冲突指的是（　　）。

A. 两个元素具有相同的序号

B. 两个元素的键值不同，而其他属性相同

C. 数据元素过多

D. 不同键值的元素对应于相同的存储地址

答案：D

（8）散列表表长 $m=14$，散列函数 $H(k)=k\%11$。表中已有 15,38,61,84 四个元素，如果用线性探测法处理冲突，则元素 49 的存储地址是（　　）。

A. 8　　　　　　B. 3　　　　　　C. 5　　　　　　D. 9

答案：A

（9）在采用线性探测法处理冲突所构成的闭散列表上进行查找，可能要探测多个位置，在查找成功的情况下，所探测的这些位置的键值（　　）。

A. 一定都是同义词　　　　　　　　B. 一定都不是同义词

C. 不一定都是同义词　　　　　　　D. 都相同

答案：C

（10）静态查找与动态查找的根本区别在于（　　）。

A. 它们的逻辑结构不一样　　　　　B. 施加在其上的操作不同

C. 所包含的数据元素的类型不一样　D. 存储实现不一样

答案：B

3. 设一个散列表包含 hashSize＝13 个表项，其下标从 0 到 12,采用线性探查法解决冲突。请按以下要求，将关键码{10,100,32,45,58,126,3,29,200,400,0}散列到表中。

（1）散列函数采用除留余数法，用%hashSize（取余运算）将各关键码映像到表中。请指出每一个产生冲突的关键码可能产生多少次冲突。

（2）散列函数采用先将关键码各位数字折叠相加，再用%hashSize 将相加的结果映像到

表中的办法。请指出每一个产生冲突的关键码可能产生多少次冲突。

答案：

（1）如表 1-6-2 所示。

表 1-6-2　除留余数法各关键码散列地址表

| H(key) | 0 | 1 | 2 | 3 | 4 | 5 | 6 | 7 | 8 | 9 | 10 | 11 | 12 |
|---|---|---|---|---|---|---|---|---|---|---|---|---|---|
| key | 0 | | | 3 | 29 | 200 | 32 | 45 | 58 | 100 | 10 | 126 | 400 |

产生冲突的关键码有：29－1 次，45－1 次，58－2 次，126－2 次，400－2 次。

（2）如表 1-6-3 所示。

表 1-6-3　数字折叠相加法各关键码散列地址表

| H(key) | 0 | 1 | 2 | 3 | 4 | 5 | 6 | 7 | 8 | 9 | 10 | 11 | 12 |
|---|---|---|---|---|---|---|---|---|---|---|---|---|---|
| key | 58 | 10 | 100 | 3 | 200 | 32 | 400 | 0 | | 45 | 126 | 29 | |

产生冲突的关键码有：100－1 次，200－2 次，400－2 次，0－7 次，126－1 次。

4. 设散列表的长度为 13，散列函数为 $H(k)=k\%13$，给定的关键字序列为：19，14，23，01，68，20，84，27，55，11，10，79。试画出分别用拉链法和线性探测查找解决冲突时所构造的散列表，并求出在等概率情况下，这两种方法的查找成功和查找不成功的平均查找长度。

答案：（1）拉链法如图 1-6-4 所示。

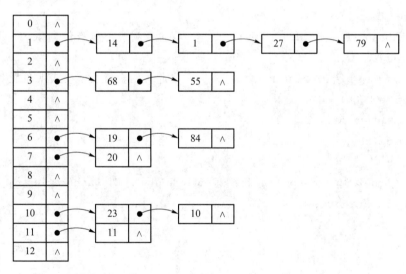

图 1-6-4　拉链法存储结构示意图

查找成功：ASL＝21/12＝1.75。

查找不成功：ASL＝(4+2+2+2+1+2+1)/13＝12/13＝0.92。

（2）线性探测法如表 1-6-4 所示。

表 1-6-4　线性探测法结果表

| $H$(key) | 0 | 1 | 2 | 3 | 4 | 5 | 6 | 7 | 8 | 9 | 10 | 11 | 12 |
|---|---|---|---|---|---|---|---|---|---|---|---|---|---|
| key | | 14 | 01 | 68 | 27 | 55 | 19 | 20 | 84 | 79 | 23 | 11 | 10 |
| 冲突次数 | | 0 | 1 | 0 | 3 | 2 | 0 | 0 | 2 | 8 | 0 | 0 | 2 |
| 成功时的比较次数 | | 1 | 2 | 1 | 4 | 3 | 1 | 1 | 3 | 9 | 1 | 1 | 3 |
| 不成功时的比较次数 | 0 | 12 | 11 | 10 | 9 | 8 | 7 | 6 | 5 | 4 | 3 | 2 | 1 |

查找成功：ASL＝(1＋2＋1＋4＋3＋1＋1＋3＋9＋1＋1＋3)/12＝2.5。

查找不成功：ASL＝(0＋12＋11＋10＋9＋8＋7＋6＋5＋4＋3＋2＋1)/13＝6。

注意：查找比较是与指元素值的比较。如果指针为空，则不进行查找比较，此时不算比较1次；若当前元素为空，也不进行比较，不算比较1次。

5. 算法设计：

(1) 试编写一个函数，完成在拉链法解决冲突的散列表上删除一个指定结点的算法。

(2) 编写算法求给定结点在二叉排序树中所在的层次。

(3) 设计算法，判定一棵二叉树是否为排序二叉树。

答案：

(1) 参考 6.2.3 小节链地址法实现散列表的存储结构，删除指定的结点的步骤分成两步：一是找到要删除结点的前驱，二是删除该结点。删除的结点如果是链表的第一个结点，还需要特殊处理，因为该结点没有前驱，则更新表头指针即可。

```
template < class T >
bool LinkHash < T >::Delete(T key)        //在散列表中删除值为 key 的算法
{
    Node < T > * p = HT[hash(key)];        //定位元素所在链表表头位置
    if(p == NULL)
        return false;
    else if(key == p -> data)              //删除结点是链表第一个结点
    {
        Node < T > * q = p -> next;    delete p;    HT[hash(key)] = q;
        return true;
    }
    else
    {
        Node < T > * q = p -> next;        //q 是 p 的后继，p 是 q 的前驱
        while(q! = NULL)
        {
            if(key == q -> data)
            {
                p -> next = q -> next; delete q; return true;
            }
            p = q;                         //迭代
```

```
            q = q - > next;
        }
    }
    return false;                                //该元素不存在
}
```

（2）本题可以使用两种方法实现：一是递归方法，二是非递归方法。但这两种方法都是参考二叉排序树的查找算法，区别是该题目的解决方法需要添加一个计数器 $i$，每向下遍历一层，计数器加一；当查找到该结点后，输出计数器的值即可。

递归算法——求结点在二叉排序树中的层次。

```
template < class T >
int BST < T >::FindKeyLevel(BiNode < T > * R, T key, int i)
//R 为根结点，key 待查找元素，i 为计数器，初始值为 1
{
    if(R = = NULL)          return 0;            //该结点不存在
    if(key = = R - > data)   return i;            //输出结点的层次
    else if(key < R - > data) return FindKeyLevel(R - > lch, key, i + 1);
    else                    return FindKeyLevel(R - > rch, key, i + 1);
}
```

非递归算法——求结点在二叉排序树中的层次：

```
template < class T >
int BST < T >::FindKeyLevel(BiNode < T > * R, T key)
{
    int i = 1;                                   //计数器
    while(R! = NULL)
    {
        if(key = = R - > data)
            return i;                            //输出结点的层次
        else if(key < R - > data)
        {
            R = R - > lch; i + +;
        }
        else
        {
            R = R - > rch; i + +;
        }
    }
    return 0;                                     //该结点不存在
}
```

（3）二叉排序树的中序遍历序列是一个有序序列。因此判断一棵二叉树是否是二叉排序树可进行中序遍历,若当前值始终比前一个值大,则说明该二叉树为二叉排序树。

程序代码如下:

```
template<class T>
bool BST<T>::IsBST(BiNode<T>* R)    //pre记录当前结点的前驱结点值,初值为-∞
{
    if(R==NULL) return true;
    else
    {
        bool b = IsBST(R->lch);
        if(! b || pre>R->data)
            return false;
        pre = R->data;
        b = IsBST(R->rch);
        return b;
    }
}
```

## 6.4  练 习 题

1. 填空题。

(1) 设查找表中有 100 个元素,如果用二分法查找方法查找数据元素 $X$,则最多需要比较_____次就可以断定数据元素 $X$ 是否在查找表中。

(2) 设一组初始记录关键字为(72,73,71,23,94,16,5),构建一棵二叉排序树,则中序遍历该二叉树的结果为_____。

(3) 设有 $n$ 个关键字具有相同的 Hash 函数值,则用线性探测法把这 $n$ 个关键字映射到 Hash 表中需要做_____次线性探测。

(4) 设散列表的长度为8,散列函数 $H(k)=k\%7$,用线性探测法解决冲突,则根据一组初始关键字序列(8,15,16,22,30,32)构造出的散列表查找成功的平均查找长度是_____。

2. 单选题。

(1) 已知一个有序序列(12,18,24,35,47,50,62,83,90,115,134),当折半查找值为 90 的元素时,经过(    )次比较后查找成功。

A. 2                    B. 3                    C. 4                    D. 5

(2) 从二叉排序树中查找一个元素时,其时间复杂度大致为(    )。

A. $O(n)$              B. $O(1)$              C. $O(\log_2 n)$       D. $O(n^2)$

(3) 设某散列表的长度为 100,散列函数 $H(k)=k\%P$,则 $P$ 通常情况下最好选择(    )。

A. 99                   B. 97                   C. 91                   D. 93

(4) 设一个顺序有序表 $A[1:14]$ 中有 14 个元素,则采用二分法查找元素 $A[4]$ 的过程中比较元素的顺序为(    )。

比较元素的顺序为(    )。

A. $A[1],A[2],A[3],A[4]$          B. $A[1],A[14],A[7],A[4]$

C. $A[7],A[3],A[5],A[4]$          D. $A[7],A[5],A[3],A[4]$

（5）二叉排序树中左子树上所有结点的值均（　　）根结点的值。

A. $<$          B. $>$          C. $=$          D. $!=$

3. 设有一组初始记录关键字为(45,80,48,40,22,78)，要求构造一棵二叉排序树并给出构造过程。

4. 已知一个散列表如图 1-6-5 所示。

图 1-6-5  散列表

其散列函数为 $h(\text{key})=\text{key}\%13$，处理冲突的方法为双重散列法，探查序列为

$$h_i=(h(\text{key})+i*h_1(\text{key}))\%m \quad i=0,1,\cdots,m-1$$

其中，

$$h_1(\text{key})=\text{key}\%11+1$$

回答下列问题：

（1）对表中关键字 35,20,33 和 48 进行查找时，所需进行的比较次数各为多少？

（2）该散列表在等概率查找时查找成功的平均查找长度为多少？

# 第7章
# 排序

## 7.1 本章导学

### 7.1.1 知识点 MAP 图

本章的知识点 MAP 图如图 1-7-1 所示,其中第 3 层代表了本章学习的主线。

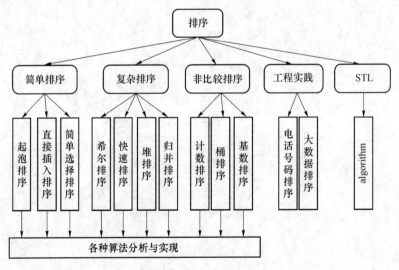

图 1-7-1　知识点 MAP 图

### 7.1.2 学习重点

本章学习了各种排序算法,重点要了解不同排序方法的基本规律、策略、效率、适用范围,总结各个排序特点如下。

(1) 直接插入排序和希尔排序:将已知记录插入待查找的位置上,查找的目标是位置。

（2）起泡排序和快速排序：将任意两个记录比较，反序就交换位置。

（3）简单选择排序和堆排序：为已知的位置选择合适的记录，查找的目标是记录。

（4）归并排序：将有序序列进行合并。

（5）非比较排序：在特定条件下，通过计算获取每一条记录的位置，而不是通过记录之间的比较来确定记录的位置。

每一类排序方法都给出了基本算法原理、实现和时间复杂度分析，从优化算法为着眼点，递进讲解各个算法的思想、性能、过程和算法之间联系，从而体会如何应用该思想解决实际问题。

因此，本章的学习重点包括以下内容：

（1）各种排序算法的基本思想；

（2）各种排序算法的思想如何实现；

（3）各种排序算法的性能比较。

本章的学习难点包括以下内容：

（1）堆排序的算法设计；

（2）快速排序的算法设计和性能分析；

（3）非比较排序的应用。

## 7.2　扩　展　学　习

本章所有排序算法都是以顺序存储结构——数组为对象进行排序，顺序存储结构的特点是能够顺序移动，随机存取，那么，如果待排序的数据是以链表为存储结构存储的，这些算法需要如何改进呢？

本章的排序算法大部分比较简单，较为复杂的主要是堆排序、快速排序、归并排序的算法过程及实现。除此以外，是否还有其他内部排序算法呢？

因此，本章需要通过扩展学习解决的问题如下：

（1）如何将排序算法移植到单链表？

（2）内部排序还有哪些算法（比如：基数排序）呢？

此外，内部排序有一些典型的应用，其中荷兰国旗问题就是一个很典型的问题，如何利用已有的排序知识解决该问题呢？

通过上述问题的求解，掌握这些算法实现的规律和逻辑思维方式，从而举一反三解决其他类似的排序问题。

### 7.2.1　排序算法在单链表上的移植

从操作角度看，排序是线性结构的一种操作，我们已经学习了很多种排序算法，那么当待排序记录以链式结构存储时，我们可以使用哪些排序算法进行排序呢？这些排序算法需要怎么改进呢？

本小节以带头结点的单链表为存储结构，以简单选择算法、冒泡排序算法、直接插入排序算法为例进行讲解。此外,请读者自行思考,单链表的排序还可以使用哪些方法来实现?

```
struct Node          //单链表结点结构
{
    int    data;
    Node * next;
};
```

(1)简单选择排序

算法分析:简单选择排序需要从单链表无序部分中寻找最小值的结点,然后将其与无序部分的第一个元素交换,而不是交换结点,这样可以避免指针的修改,算法过程如图1-7-2所示。

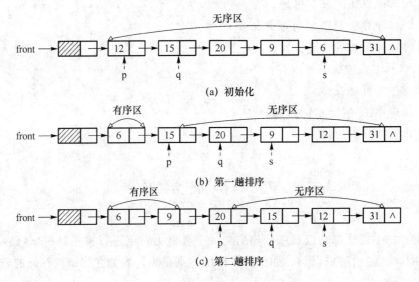

图1-7-2 单链表实现简单选择排序

简单选择排序中,如图1-7-2所示,每一趟排序时,指针p指向无序区的第一个结点,即每一趟最小结点待交换的位置;指针q用来在无序区从前到后做循环查找,找到最小的结点,就使用指针s指向该结点;然后将p和s指向的结点的值交换,即完成本趟排序。

之后,p下移一个位置,开始下一趟排序。

程序代码如下:

```
void Link_SelectSort(Node * front)
{
    Node * p = front -> next;
    while(p! = NULL)
    {
        Node * s = p;                    //s指向最小值结点
        q = p -> next;
        while(q! = NULL)
        {
            if(q -> data < s -> data)   s = q;
```

```
            q = q - > next;
        }
        if(p! = s)
        {
            int t = p - > data;p - > data = s - > data; s - > data = t; //交换结点的值
        }
        p = p - > next;
    }
}
```

若待排序结点数为 $n$，则该算法的时间复杂度为 $O(n^2)$。

（2）直接插入排序

算法分析：直接插入排序算法的一趟排序，需要使用单链表无序部分中第一个结点，依次与有序部分的结点从前到后进行比较，若无序区的第一个结点元素较小，则将该结点插入到有序区的当前位置；若无序区的第一个结点元素较大，则继续比较有序区的下一个结点。直到有序区比较结束。算法过程如图 1-7-3 所示。

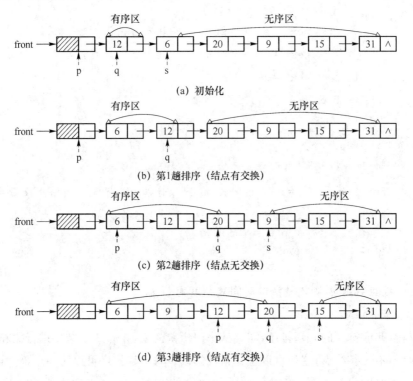

图 1-7-3　单链表实现直接插入排序

因为单链表插入、删除操作需要使用前驱结点的指针，因此，直接插入排序中，如图 1-7-3 所示，每一趟排序时，指针 p 指向有序区的待比较的结点的前驱，初始化时 p 指向头结点；指针 q 指向无序区的第一个元素的前驱；若无序区的第一个结点元素值较大，则 p 下移，直到 p＝q 为止；若无序区的第一个结点元素值较小，则使用指针 s 指向该结点，然后将结点 s 摘除，插入到 p 的后继位置，即完成本趟排序。

一趟排序后,若无结点交换,则 q 下移一个位置;若有结点交换,则 q 不变,开始下一趟排序,直到 q 的后继为空为止。

程序代码如下:

```
void Link_InsertSort1(Node * front)
{
    Node  * p = front;
    Node  * q = front -> next;              //q 为无序区第一个结点前驱
    while(p -> next! = NULL)
    {
        p = front;                          //p 初始化为有序区第一个结点前驱
        while(q -> next! = NULL && p! = q  )
        {
            if(p -> next -> data > q -> next -> data)        //交换结点的顺序
            {
                Node  * s = q -> next;
                q -> next = s -> next;       //摘除 s 结点
                s -> next = p -> next;       //插入 p 结点之后
                p -> next = s;
                break;
            }
            p = p -> next;
        }
        if(p == q)     q = q -> next;       //若本趟排序无交换结点,q 下移
        p = q;                              //当 q 指向最后一个结点时,用来结束程序
    }
}
```

若待排序结点数为 $n$,则该算法的时间复杂度为 $O(n^2)$。

(3) 起泡排序

算法分析:起泡排序的一趟排序,需要从头遍历单链表,相邻两个结点进行比较,若反序则交换元素的值,不交换结点,这样可以避免指针修改。每一趟排序可以将一个最大值交换到链表尾。因此,需要附设尾指针,指示每次需要比较的范围。单链表实现起泡排序如图 1-7-4 所示。

起泡排序中,如图 1-7-4 所示,每一趟排序时,指针 p 指向无序区的待比较的结点,初始化时 p 指向无序区第一个结点;指针 r 指向有序区的第一个结点,初始时,r=NULL;从 p 指针开始,前后两个结点的元素值比较,若反序则交换元素的值,否则 p 下移,直到比较到 r 为止,即完成本趟排序。

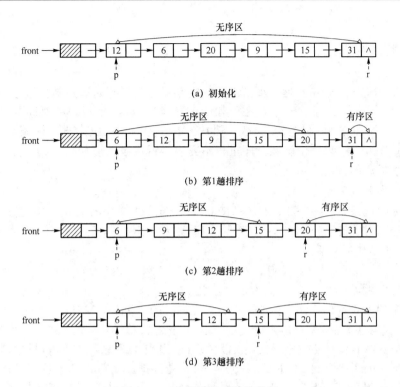

图 1-7-4　单链表实现起泡排序

一趟排序后,尾指针 r 前移一个位置,即 r＝p;直到 r 为第一个元素排序结束。程序代码如下:

```
void List_BubbleSort(Node * front)
{
    Node  * p,  * r;
    p = front - > next;
    r = NULL;                             //尾指针
    while(p! = NULL && r! = front - > next)
    {
        p = front - > next;
        while(p - > next! = r)
        {
            if(p - > data > p - > next - > data)    //相邻反序,交换值
            {
                int temp = p - > data;
                p - > data = p - > next - > data;
                p - > next - > data = temp;
            }
            p = p - > next;
        }
        r = p;                            //尾指针前移
    }
}
```

若待排序结点数为 $n$,则该算法的时间复杂度为 $O(n^2)$。

### 7.2.2 基数排序算法

基数排序(Radix Sorting)是一种借助多关键字排序的思想对单逻辑关键字进行排序的方法,也称为桶排序(Bucket Sorting)。在已知的各种排序算法中,排序的时间复杂度为 $O(n^2)$ 和 $O(n\log_2 n)$ 两种,但是该排序方法突破了排序 $O(n\log_2 n)$ 时间复杂度的限制,基数排序的时间复杂度为 $O(n)$。并且,整个基数排序过程不需要进行记录关键字间的比较。下面我们就来学习一下基数排序的方法。

首先给出多关键字排序的定义:

假设有 $n$ 个记录的序列 $\{R_1, R_2, \cdots, R_n\}$,且每个记录 $R_i$ 中含有 $d$ 个关键字$(K_i^0, K_i^1, \cdots, K_i^{d-1})$,若称序列对关键字$(K^0, K^1, \cdots, K^{d-1})$有序,则对于序列中任意两个记录 $R_i$ 和 $R_j$ $(1 \leqslant i < j \leqslant n)$都满足下列有序关系:

$$(K_i^0, K_i^1, \cdots, K_i^{d-1}) < (K_j^0, K_j^1, \cdots, K_j^{d-1})$$

其中,$K^0$ 称为最主位关键字,$K^{d-1}$ 称为最次位关键字。

基数排序的方式可以采用 LSD(Least Sgnificant Digital)或 MSD(Most Sgnificant Digital)。MSD 方式算法思想:先对最主位关键字 $K^0$ 进行排序,将序列分成若干子序列,每个子序列中的记录都具有相同的 $K^0$ 值,然后分别就每个子序列对关键字 $K^1$ 进行排序,按 $K^1$ 值不同再分成若干更小的子序列,依次重复,直至对 $K^{d-2}$ 进行排序之后得到的每一子序列中的记录都具有系统的关键字$(K^0, K^1, \cdots, K^{d-2})$,而后分别每个子序列对 $K^{d-1}$ 进行排序,最后将所有子序列依次联接在一起成为一个有序序列。

LSD 的排序方式与 MSD 正好相反,由关键字 $K^{d-1}$ 开始进行排序。

例如,已知扑克牌中 52 张牌面的次序关系为

$$\clubsuit 2 < \clubsuit 3 < \cdots < \clubsuit A < \diamondsuit 2 < \diamondsuit 3 < \cdots < \diamondsuit A < \heartsuit 2 < \heartsuit 3 < \cdots$$
$$< \heartsuit A < \spadesuit 2 < \spadesuit 3 < \cdots < \spadesuit A$$

每一张牌有两个"关键字":花色($\clubsuit < \diamondsuit < \heartsuit < \spadesuit$)和面值($2 < 3 < \cdots < A$),且"花色"的地位高于"面值"。

MSD 方式:先按不同"花色"分成有次序的 4 堆,每一堆的牌均具有相同的"花色",然后分别对每一堆按"面值"大小整理有序。

LSD 方式:先按不同"面值"分成 13 堆,然后将这 13 堆牌自小至大叠在一起("3"在"2"之上,"4"在"3"之上,……,最上面的是 4 张"A"),然后将这副牌整个颠倒过来再重新按不同"花色"分成 4 堆,最后将这 4 堆牌按自小至大的次序合在一起($\clubsuit$在最下面,$\spadesuit$在最上面)。

基数排序的思想是通过"分配"和"收集"过程来实现排序。这个思想该如何理解呢?请看以下例子。

(1)假设待排数据序列:78、09、63、30、74、89、94、25、05、69、18、83,按照 LSD 方式,关键字是个位(低位)和十位(高位),其分配和收集的过程如下所示:

初始关键字:

| 0 | 1 | 2 | 3 | 4 | 5 | 6 | 7 | 8 | 9 | 10 | 11 |
|---|---|---|---|---|---|---|---|---|---|----|----|
| 78 | 09 | 63 | 30 | 74 | 89 | 94 | 25 | 05 | 69 | 18 | 83 |

第一次分配
针对个位数:

| 0 | 1 | 2 | 3 | 4 | 5 | 6 | 7 | 8 | 9 |
|---|---|---|---|---|---|---|---|---|---|
| 30 | | | 63 | 74 | 25 | | | 78 | 09 |
| | | | 83 | 94 | 05 | | | 18 | 89 |
| | | | | | | | | | 69 |

| | 0 | 1 | 2 | 3 | 4 | 5 | 6 | 7 | 8 | 9 | 10 | 11 |
|---|---|---|---|---|---|---|---|---|---|---|---|---|
| 第一趟收集: | 30 | 63 | 83 | 74 | 94 | 25 | 05 | 78 | 18 | 09 | 89 | 69 |

第二次分配
针对十位数:

| 0 | 1 | 2 | 3 | 4 | 5 | 6 | 7 | 8 | 9 |
|---|---|---|---|---|---|---|---|---|---|
| 05 | 18 | 25 | 30 | | | 63 | 74 | 83 | 94 |
| 09 | | | | | | 69 | 78 | 89 | |

| | 0 | 1 | 2 | 3 | 4 | 5 | 6 | 7 | 8 | 9 | 10 | 11 |
|---|---|---|---|---|---|---|---|---|---|---|---|---|
| 第二趟收集: | 05 | 09 | 18 | 25 | 30 | 63 | 69 | 74 | 78 | 83 | 89 | 94 |

此时该序列已经排序完毕,若还有三位数以上的数据,重复进行"分配"和"收集"的步骤即可。在基数排序中,若把每一个相同个位数或相同十位数的分组形象地比喻为"桶"的话,每一次"分配"实质上是将待排序元素分配到各自所属的桶中,"收集"是将各个桶中的元素按照桶的顺序依次读出的过程。

其中,LSD 比较适合位数较少的序列。MSD 的方式与 LSD 相反,是由高位数为基底开始进行分配,算法过程与 LSD 方式相同。

下面,按照 LSD 方式实现基数排序,该算法中使用的变量说明如下。

int b[MAX]:存放每次收集的结果。

int max:待排序数据中最大的值,用来计算位数。

exp:位数,1 表示个位,10 表示十位,100 表示百位,依此类推。

int bucket[BASE]:桶,用来存放每个桶中的起始元素在本次收集的结果 b 中的位置。

程序参考代码如下:

```
#define BASE 10
#define MAX 20                          //待排序的数据量
void radixsort(int a[], int n)
{
    int b[MAX], max = a[0], exp = 1;
    int i;
    for(i = 1; i < n; i++)
        if(a[i] > max)    max = a[i];        //查找最大值的元素

    while(max / exp > 0)
    {
        int bucket[BASE] = {0};
        for(i = 0; i < n; i++)
            bucket[(a[i] / exp) % BASE]++;    //计算每个桶中的元素个数

        for(i = 1; i < BASE; i++)
            bucket[i] += bucket[i-1];         //计算每个桶中首元素的位置

        for(i = n - 1; i >= 0; i--)
            b[--bucket[(a[i] / exp) % BASE]] = a[i];//收集结果
```

```
for(i = 0; i < n; i + + )                    //将收集的结果复制到原数组
    a[i] = b[i];

exp * = BASE;
    }
}
```

分析该算法的时间复杂度,若把一次"分配"和"收集"看成是一趟排序的话,则基数排序需要进行的排序趟数和最大值的位数相关。例如,最大值不超过 9 999,则只需要 4 趟排序,所以排序趟数可看成是一个常数 $m(1 < m < 10)$。每一趟基数排序需要遍历一次"分配"和"收集",各需要 $O(n)$ 的时间复杂度,因此基数排序的总的时间复杂度为 $O(n*m)$,$m$ 可忽略不计,因此为 $O(n)$。

# 7.3　课后习题指导

1. 填空题。
(1) 排序的主要目的是为了以后对已排序的数据元素进行_____。
答案:查找
(2) 对 $n$ 个元素进行起泡排序,在_____的情况下比较的次数最少,其比较次数为_____;在_____的情况下比较次数最多,其比较次数为_____。

**解析:** 正序情况下,改进的起泡排序两两比较,只需要比较一趟就可以确定该序列已经有序,因此需要比较 $n-1$ 次,移动 0 次。

逆序情况下,起泡排序需要比较 $n-1$ 趟,第 1 趟比较 $n-1$ 次,将最大的元素移到最后的位置;第 2 趟比较 $n-2$ 次,将第 2 大的元素移到倒数第 2 的位置;依此类推,第 $n-1$ 趟比较 1 次,将最小的元素移到第 1 的位置,次小的元素移动到第 2 的位置。因此总共需要比较 $\sum_{i=1}^{n-1} i = n(n-1)/2$。

答案:正序　$n-1$　逆序　$n(n-1)/2$
(3) 对一组元素{54,38,96,23,15,72,60,45,83}进行直接插入排序,当第 7 个元素 60 插入到有序表时,寻找插入位置需比较_____次。

**解析:** 当第 7 个元素 60 插入前,序列状态为 15,23,38,54,72,96,60,45,83,前 6 个元素有序,60 需要和 96,73,54 三个元素各比较 1 次即可。

答案:3
(4) 对一组元素{54,38,96,23,15,72,60,45,83}进行快速排序,在递归调用中使用的栈所能达到的最大深度为_____。

**解析:** 快速排序的递归划分树如图 1-7-5 所示,树共有 4 层,因此递归栈的深度为 4。

答案:4
(5) 对 $n$ 个待排序元素序列进行快速排序,最好情况下所需时间是_____,最坏情况下所需时间是_____。

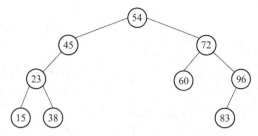

图 1-7-5 快速排序划分图

**解析:**快速排序最好情况是每次划分都能平均地将元素分成两部分,因此构成的快速排序划分图为一棵满二叉树,该树的高度为 $\log n$,说明需要 $\log n$ 趟排序;每一趟都需要遍历每一个元素,耗费 $O(n)$ 的时间复杂度,因此需要耗费 $O(n\log n)$。

快速排序的最坏情况是数据正序或逆序的情况,此时退化成起泡排序,其实际复杂度为 $O(n^2)$。

**答案:**$O(n\log n)$  $O(n^2)$

(6) 利用简单选择排序对 $n$ 个元素进行排序,最坏情况下,元素交换的次数为_____。

**解析:**简单选择排序总共需要 $n-1$ 趟,最坏情况下,每一趟找到一个合适的元素,该元素都必须要交换 1 次,因此需要交换元素 $n-1$ 次。

**答案:**$n-1$

(7) 如果将序列{50,16,23,68,94,70,73}建成堆,只需把 16 与_____交换。

**解析:**该序列的堆示意图如图 1-7-6 所示,除根结点 50 以外,其左右孩子均为小根堆,所以只需要将 16 和 50 交换即可。

**答案:**50

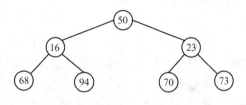

图 1-7-6 堆示意图

(8) 对于键值序列{12,13,11,18,60,15,7,18,25,100},用筛选法建堆,必须从键值为_____的结点开始。

**解析:**筛选法建堆的第一个筛选结点是倒数第一个分支结点,若总结点按照 1..n 编号,则最后一个分支结点的编号为 $n/2$,本题共有 10 个元素,因此最后一个分支结点编号是 10/2=5,即 60。

**答案:**60

(9) 采用改进的冒泡排序对有 $n$ 个记录的表 $A$ 按键值递增排序,若 $L$ 的初始状态是按键值递增,则排序过程中记录的比较次数为_____。若 $A$ 的初始状态为递减排列,则记录的交换次数为_____。

**解析:**改进的冒泡排序最好情况只需要比较 1 趟即可,$n$ 元素两两比较需要比较 $n-1$ 次;最坏情况需要比较 $n-1$ 趟,第 1 趟比较 $n-1$ 次,之后每一趟递减 1 次,因此为 $i=n(n-1)/2$。

**答案:**$n-1$  $n(n-1)/2$

2. 单选题。

(1) 从未排序序列中依次取出一个元素与已排序序列中的元素依次进行比较,然后将其放在已排序序列的合适位置,该排序方法称为(  )排序法。

A. 插入排序　　　B. 选择排序　　　C. 希尔排序　　　D. 二路归并排序

答案:A

(2) 一个对象序列的排序码为{46,79,56,38,40,84},采用快速排序以位于最左位置的对象为基准而得到的第一次划分结果为(    )。

A. {38,46,79,56,40,84}                B. {38,79,56,46,40,84}

C. {40,38,46,56,79,84}                D. {38,46,56,79,40,84}

**解析:**快速排序的一次划分的元素移动过程如下:

     46  __,79,56,38,40,84

     46  40,79,56,38,__,84

     46  40,__,56,38,79,84

     46  40,38,56,__,79,84

     46  40,38,__,56,79,84

     __  40,38,46,56,79,84

答案:C

(3) 对二叉排序树进行(    )遍历,可以得到该二叉树所有结点构成的排序序列。

A. 前序            B. 中序            C. 后序            D. 按层次

答案:B

(4) 当待排序列基本有序时,下列排序方法中(    )最好。

A. 直接插入排序                B. 快速排序

C. 堆排序                    D. 归并排序

**解析:**待排序序列基本有序时,对快速排序而言是最坏情况;对堆排序和归并排序来说影响不大,只有直接插入排序的性能会变好,所以答案是 A。

答案:A

(5) 在下列排序算法中,在待排序的数据表已经为有序时,花费时间反而最多的是(    )。

A. 快速排序      B. 希尔排序      C. 冒泡排序      D. 堆排序

答案:A

(6) 下列排序算法中,某一趟结束后未必能选出一个元素放在其最终位置上的是(    )。

A. 堆排序      B. 冒泡排序      C. 快速排序      D. 直接插入排序

答案:D

(7) 下列排序算法中,时间复杂度为 $O(n\log_2 n)$ 且占用额外空间最少的是(    )。

A. 堆排序      B. 冒泡排序      C. 快速排序      D. 希尔排序

**解析:**采用排除法:冒泡排序的时间复杂度是 $O(n^2)$,希尔排序的时间复杂度是 $O(n^{1.3})$,所以排除 B 和 D。堆排序的算法的空间复杂度为 $O(1)$,快速排序算法的空间复杂度为 $O(n)$,所以答案为 A。

答案:A

(8) 已知数据表 $A$ 中每个元素距其最终位置不远,则采用(    )排序算法最节省时间。

A. 堆排序      B. 插入排序      C. 快速排序      D. 直接选择排序

**解析:**若表中每个元素距其最终位置不远,说明该序列基本有序,参考本题第 4 小题的分析,插入排序性能最好。

答案:B

(9) 下面给出的 4 种排序法中(    )排序法是不稳定性排序法。

A. 插入　　　　　B. 冒泡　　　　　C. 二路归并　　　D. 堆

答案:D

(10) 就平均性能而言,最快的排序方法是(　　)。

A. 冒泡排序　　　B. 希尔排序　　　C. 快速排序　　　D. 插入排序

答案:C

(11) 下面(　　)排序算法是基于比较的排序。

A. 计数排序　　　B. 桶排序　　　　C. 基数排序　　　D. 插入排序

答案:D

3. 判断以下序列是否为小(顶)根堆?若否,则以最少的移动次数将它们调整为小(顶)根堆。(要求画出最后的堆结构和线性序列)

(1) (19,78,32,66,26,58,46,95,89,31)

(2) (113,98,69,35,68,25,43,19,31,55,16,29)

答案:

(1) (19,26,32,66,31,58,46,95,89,78),堆结构如图 1-7-7 所示。

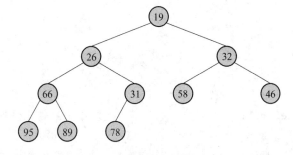

图 1-7-7　堆结构示意图

(2) (16,19,25,31,55,29,43,35,113,98,68,69),堆结构如图 1-7-8 所示。

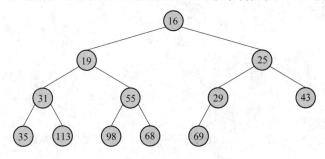

图 1-7-8　堆结构示意图

4. 设有关键码序列(Q,H,C,Y,Q,A,M,S,R,D,F,X),要求按照关键码值递增的次序进行排序。

(1) 若采用初始步长为 4 的 Shell(希尔)排序法,写出一趟排序的结果;

(2) 若采用以第一个元素为分界元素(枢轴)的快速排序法,写出一趟排序的结果。

答案:

(1) (Q,A,C,S,Q,D,F,X,R,H,M,Y)

(2) (F,H,C,D,Q,A,M,Q,R,S,Y,X)

5. 算法设计。

(1) 试编写一个双向冒泡排序算法,即在排序过程中交替改变扫描方向。

(2) 编写算法,实现将整型数组中的元素按照奇数和偶数分开,使奇数在原数组的前面,偶数在原数组的后面。

(3) 利用快速排序算法的思想,编写算法,实现求第 $k$ 个最小值的功能。

(4) 试写一个非递归的快速排序算法。

(5) 若存储结构采用带头结点的单链表,编写排序算法使链表中的元素有序排列。

(6) 已知 $(k_1, k_2, \cdots, k_n)$ 是堆,编写一个算法将 $(k_1, k_2, \cdots, k_{n+1})$ 调整成堆。

答案:

(1) 使用数组进行双向冒泡算法的实现,其中数据从 1 号下标开始。算法步骤如下:

a. 从前到后交换,将最大值交换到尾部,记录最后交换的位置 right;

b. 从后到前交换,将最小值交换到首部,记录最后交换的位置 left;

c. 反复 a 和 b 过程,直到 left=right,算法结束。

该方法能极大地减少循环排序的次数。参考代码如下:

```
void bidBubbleSort(int a[], int n)
{
    int left = 1;
    int right = n;
    while(left < right)
    {
        int l = left + 1;                    //以防数组是有序时的错误
        int r = right - 1;
        for(int j = left; j < right; j++)    //第一次循环将最大的值放到末尾
        {
            if(a[j] > a[j + 1])
            {
                a[0] = a[j];    a[j] = a[j + 1];    a[j + 1] = a[0];//交换
                r = j;
            }
        }
        right = r;
        for(int j = right; j > left; j--)    //第二次循环将最小的值放到了开头
        {
            if(a[j] < a[j - 1])
            {
                a[0] = a[j];    a[j] = a[j - 1];    a[j - 1] = a[0]; //交换
                l = j;
            }
        }
        left = l;
    }
}
```

（2）参考快速排序的一次划分算法，算法步骤如下：

a. 从前到后扫描，找到第一个偶数停止，记录位置 $i$；

b. 从后到前扫描，找到第一个奇数停止，记录位置 $j$；

c. 奇偶数交换。

重复 a、b 和 c 的过程，直到 $i=j$，算法结束。参考代码如下：

```
void oddAndEven(int r[], int n)                  //数组下标从 1 开始
{
    int i = 1;
    int j = n;
    while(i < j)
    {
        while((i < j) && (r[i] % 2 == 1) i++;    //从数组前部开始遍历,碰到偶数停止
        while((i < j) && (r[j] % 2 == 0) j--;    //从数组后部开始遍历,碰到奇数停止
        int t = r[i];    r[i] = r[j];    r[j] = t;        //奇偶数交换位置
    }
}
```

（3）一次划分操作 Partion() 函数和教材上的一致不变，只需要更新快速排序主算法 qsort() 即可。参考代码如下：

```
int qsort(int r[], int i, int j)  //r[i..j]待排序数组,i 为数组起始下标,j 为数组
终止下标
{
        int pos = partion(r,i,j);
        if(k == pos)return r[pos];
        else if(k < pos) return qsort(r,i,pos-1);
        else              return qsort(r, pos+1,j);
}
```

（4）一次划分操作 Partion() 函数和教材上的一致不变，快速排序的非递归算法思想就是不断地进行划分，直到分区内只有一个元素为止。使用栈来保存中间划分的结果即可。规则是：调用递归函数时，进栈；函数返回时，出栈。参考代码如下：

```
void qsort(int r[], int i, int j)
{
    int stack[100];
    int top = -1;
    if(i < j)
    {
        stack[++top] = i;    stack[++top] = j;
    }
```

```
    while(top! =-1)
    {
        j = stack[top--];
        i = stack[top--];
        int pos = Partion(r, i, j);
        if(i < pos-1)
        {
            stack[++top] = i;    stack[++top] = pos-1; //保存前半部分首尾下标
        }
        if(pos+1 < j)
        {
            stack[++top] = pos+1;    stack[++top] = j; //保存后半部分首尾下标
        }
    }
}
```

（5）参见本书 7.2.1 小节。

（6）算法基本思想：从下向上依次比较，若调整为大根堆，则在左、右孩子中选择最大的结点和该子树的根结点进行比较，若根结点大，则调整结束；否则将根与较大的孩子进行交换，然后上移继续比较。程序代码如下：

```
bool heap(int k[],int n)              //下标从 1 开始,设数组 k[1..n]是大根堆
{
    int i = k+1;
    int j = i/2;                     //j 是 i 的父结点
    while(j >= 1)
    {
        if(k[i] < k[j]) return true;
        int t = k[i];    k[i] = k[j];    k[j] = t              //i 和 j 交换
        i = j;
        j = i/2;                     //迭代
    }
}
```

## 7.4  练  习  题

1. 填空题。

（1）在堆排序的过程中，对任一分支结点进行筛运算的时间复杂度为＿＿＿＿，整个堆排序过程的时间复杂度为＿＿＿＿。

（2）设初始记录关键字序列为$(K_1,K_2,\cdots,K_n)$，则用筛选法思想建堆必须从第_____个元素开始进行筛选。

（3）设一组初始记录关键字序列$(k_1,k_2,\cdots,k_n)$是堆，则对$i=1,2,\cdots,n/2$而言满足的条件为_____。

（4）设需要对 5 个不同的记录关键字进行排序，则至少需要比较_____次，至多需要比较_____次。

（5）设一组初始关键字序列为$(38,65,97,76,13,27,10)$，则第 3 趟简单选择排序后的结果为_____。

2. 单选题。

（1）设一组初始记录关键字序列$(5,2,6,3,8)$，以第一个记录关键字 5 为基准进行一趟快速排序的结果为（　　）。

A. $2,3,5,8,6$　　　　　　　　　　B. $3,2,5,8,6$

C. $3,2,5,6,8$　　　　　　　　　　D. $2,3,6,5,8$

（2）设有 $n$ 个待排序的记录关键字，则在堆排序中需要（　　）个辅助记录单元。

A. 1　　　　　　B. $n$　　　　　　C. $n\log_2 n$　　　　　　D. $n^2$

（3）设有 5 000 个待排序的记录关键字，如果需要用最快的方法选出其中最小的 10 个记录关键字，则用下列（　　）方法可以达到此目的。

A. 快速排序　　B. 堆排序　　　　C. 归并排序　　　D. 插入排序

（4）设一组初始记录关键字序列为$(50,40,95,20,15,70,60,45)$，则以增量 $d=4$ 的一趟希尔排序结束后前 4 条记录关键字为（　　）。

A. $40,50,20,95$　　　　　　　　　B. $15,40,60,20$

C. $15,20,40,45$　　　　　　　　　D. $45,40,15,20$

（5）设一组初始记录关键字序列为$(25,50,15,35,80,85,20,40,36,70)$，其中含有 5 个长度为 2 的有序子表，则用归并排序的方法对该记录关键字序列进行一趟归并后的结果为（　　）。

A. $15,25,35,50,20,40,80,85,36,70$

B. $15,25,35,50,80,20,85,40,70,36$

C. $15,25,35,50,80,85,20,36,40,70$

D. $15,25,35,50,80,20,36,40,70,85$

（6）时间复杂度不受数据初始状态影响而恒为 $O(n\log_2 n)$ 的是（　　）。

A. 堆排序　　　B. 冒泡排序　　　C. 希尔排序　　　D. 快速排序

3. 已知一组记录的排序码为$(46,79,56,40,24,80,95,38)$，写出对其进行快速排序的每一次划分结果。

4. 画出向小根堆中加入数据 4，2，5，8，3 时，每加入一个数据后堆的变化。

# 综合试卷一

**一、填空题。(共 25 分,每空 1 分,第 11 小题 2 分)**

1. 在数据结构中,数据元素之间通常有下列四类基本结构:_____、_____、_____ 和 _____;有两种物理结构(存储结构),分别为 _____、_____。

2. 以下代码:y = 0;while((y + 1) * y * (y − 1)< = n) y + +;其时间复杂度为 $O$ _____。

3. 用六叉链表表示 30 个结点的六叉树,则树中共有 _____ 个空指针。

4. 完全二叉树共有 87 个结点,$n_0$、$n_1$、$n_2$ 分别表示度为 0、1、2 的结点个数,则 $n_0 =$ _____,$n_1 =$ _____,$n_2 =$ _____。该树的高度为 _____。设该二叉树每个叶子结点的权值均为 1,则该树的带权路径长度为 _____。

5. 在一个单链表 head 中,p 既不是头结点,也不是尾结点,若要在指针 p 所指结点后插入一个 q 指针所指结点,则执行 _____、_____。

6. 一棵哈夫曼树共有 215 个结点,对其进行哈夫曼编码,共能得到 _____ 个不同的码字。

7. 在 100 个元素的顺序表中删除一个元素,最少移动 _____ 个元素,最多移动 _____ 个元素,平均移动 _____ 个元素。

8. 通过建立 Hash 表查找元素,理想情况下,查找元素的时间复杂度为 _____。

9. 长度为 11 的有序序列:1 12 13 24 35 36 47 58 59 69 71 进行等概率查找,如采用顺序查找,则查找成功的平均查找长度为 _____,如果采用二分查找,则查找成功的平均查找长度为 _____。

10. 从二叉排序树中查找一个元素时,其平均的时间复杂度大致为 _____。

11. 已知二叉树的前序遍历序列是 $AEFBGCDHIKJ$,中序遍历序列是 $EFAGBCHKI-JD$,则该二叉数的后序遍历序列是 _____。

**二、选择题。(13 分,每空 1 分)**

1. 某算法的时间复杂度为 $O(n^2)$,表明该算法( )。

A. 问题的规模是 $n^2$　　　　　　　　B. 执行时间等于 $n^2$

C. 执行时间与 $n^2$ 成正比　　　　　　D. 问题规模与 $n^2$ 成正比

2. 以下数据结构中,是非线性数据结构的是( )。

A. 树　　　　　　B. 字符串　　　　　　C. 数组　　　　　　D. 栈

3. 以下关于链式存储结构的叙述中,( )是不正确的。

A. 结点除自身信息外还包括指针域,因此存储密度小于顺序存储结构

B. 逻辑上相邻的结点物理上不必邻接

C. 可以通过计算直接确定第 $i$ 个结点的存储地址

D. 插入、删除操作方便,不必移动结点

4. 循环队列用数组 $A[m]$ 存放其元素值,已知其头尾指针分别是 $f$ 和 $r$,则当前队列中的元素个数是( )。

A. $(r-f+m)\%m$　　　　　　　　　B. $(r-f)\%m$

C. $(r-f+1)\%m$　　　　　　　　　D. $r-f$

5. 已知使用顺序表存储数据,表长为 $n$,假设在表中的任意位置插入元素的概率相等,则插入一个元素,平均需要移动的元素个数( )。

A. $(n-1)/2$　　　B. $n/2$　　　C. $(n+1)/2$　　　D. 不确定

6. 假设以 S 和 X 分别表示进栈和退栈操作,则对输入序列 a,b,c,d,e 进行一系列栈操作 SSXSXSSXXX 之后,得到的输出序列为( )。

A. abcde　　　　B. edcba　　　　C. baedc　　　　D. bceda

7. 数组 $A$ 中,每个元素的长度为 3 个字节,行下标 $i$ 从 1 到 8,列下标 $j$ 从 1 到 10,从首地址 $S_A$ 开始连续存放的存储器内,该数组按列存放,元素 $A[5][8]$ 的起始地址为( )。

A. $S_A+141$　　　B. $S_A+180$　　　C. $S_A+222$　　　D. $S_A+225$

8. 若一棵二叉树具有 10 个度为 2 的结点,5 个度为 1 的结点,则度为 0 的结点的个数是( )。

A. 9　　　　　　B. 11　　　　　　C. 15　　　　　　D. 不能确定

9. 如果某图的邻接矩阵是对角线元素均为零的上三角矩阵,则此图是( )。

A. 有向完全图　　B. 连通图　　　C. 强连通图　　　D. 有向无环图

10. 有一个有序表为 $\{1,3,9,12,32,41,45,62,75,77,82,95,100\}$,当折半查找值为 82 的结点时,( )次比较后查找成功。

A. 2　　　　　　B. 3　　　　　　C. 4　　　　　　D. 5

11. T 为一棵二叉排序树,( )遍历能够按递增次序打印各结点的值。

A. 前序遍历　　　B. 中序遍历　　　C. 后序遍历　　　D. 层序遍历

12. 若由树转化得到的二叉树是非空的二叉树,则二叉树形状是( )。

A. 根结点无右子树的二叉树　　　　B. 根结点无左子树的二叉树

C. 根结点可能有左子树和右子树　　D. 各结点只有一个儿子的二叉树

13. 对 $n$ 个元素进行快速排序时,最坏情况下的时间复杂度为( )。

A. $O(\log_2 n)$　　　B. $O(n)$　　　C. $O(n\log_2 n)$　　　D. $O(n^2)$

**三、简答题。(31 分)**

1. (3 分)设有一个二维数组 $A[m][n]$,假设 $A[0][0]$ 的存放位置为 644,$A[2][2]$ 的存放位置为 676,已知每个元素占一个字节空间,$A[3][3]$ 存放在什么位置,写出理由(注意:数组下标从 0 开始)。

2. (3 分)已知一棵度为 $m$ 的树中有 $N_1$ 个度为 1 的结点,$N_2$ 个度为 2 的结点,…,$N_m$ 个度为 $m$ 的结点,试问该树中有多少个叶子结点?

3. (4 分)假设前序遍历某棵树的结点次序为 $SACEFBDGHIJK$,后序遍历该树的结点次序为 $CFEABHGIKJDS$,要求画出这棵树。

4. (8 分)将序列 $\{56,34,98,13,76,32,22,43,33,12,34,1\}$,按升序排列,写出下列排序的结果。

一趟冒泡排序的结果：_____；

一趟增量为 4 的希尔排序的结果：_____；

一趟二路归并排序的结果：_____；

以首元素为基准一趟快速排序的结果：_____。

5. (7 分)已知序列{8，6，2，4，12，10，5，16，11}：

(1)画出该序列对应的二叉排序树。(2 分)若基于该二叉排序树进行等概率查找,计算查找成功的平均查找长度。(2 分)

(2)判断该序列是否是小根堆？(1 分)如果不是,使用最少的调整次数将其调整成为小根堆后,请写出调整后的序列。(2 分)

6. (6 分)对给定表(Jan，Feb，Mar，Apr，May，Jun，Jul，Aug，Sep，Oct，Nov，Dec)，设计一个装填因子为 0.667 的散列表(地址从 0 开始)。这里,取散列函数为 $H(x)=i/17$,其中 $i$ 为键值中第一个字母在英语字母表中的序号。

(1)画出以线性探测法处理的散列表;(4 分)

(2)计算查找成功的平均查找长度 ASL。(2 分)

**四、综合题。(22 分)**

1. (10 分)已知某无向网的邻接表存储结构如下图所示。

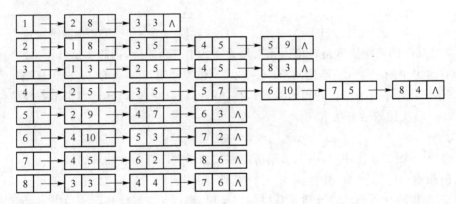

其中每个边结点的结构如下：

| 该弧所指向的顶点的位置 | 弧的权值 | 指向下一条弧的指针 |
|---|---|---|

(1)写出从 5 号顶点出发的深度优先访问顺序;

(2)写出从 5 号顶点出发的广度优先访问顺序;

(3)画出该无向网的最小生成树。

2. (12 分)三叉哈夫曼树问题:三叉哈夫曼树是一棵每个结点最多有三棵子树的有序树,通常子树分为左子树、中子树和右子树。本题中,假设用于通信的电文由 9 个字符{$C_i$，$i=1$，2，…，9}组成,权值分别为{0.01，0.12，0.32，0.05，0.15，0.18，0.03，0.04，0.1},规定在生成三叉哈夫曼树的过程中,结点的权值满足左子树<中子树<右子树。完成下面的问题。

(1)画出生成的三叉哈夫曼树;(4 分)

(2)写出每个叶子结点的编码;(5 分)

(3)计算平均码长。(3 分)

(说明:每个叶子结点的编码是 0、1、2 三个数字的组合,比如 0012)

**五、编程题。(9 分,每空 1 分)**

1. (5 分)假设某个单向循环链表的长度大于 1,且表中既无头结点也无头指针,已知 $s$ 为指向链表中某个结点的指针,试编写算法在链表中删除指针 $s$ 所指结点的前驱结点。

```
template<class T>
T LinkList<T>::Delete(Node<T>* s)
{
    Node<T>* p = _____;
    while(_____)
        p = p->next;
    Node<T>* q = _____;
    p->next = s;
    T x = _____;
    _____;
    return x;
}
```

2. (4 分)假设二叉树采用二叉链表作为存储结构,完成下面的算法,求前序遍历中的第 $k$ 个元素的值($1 \leqslant k \leqslant$ 二叉树结点总数)。

```
int i = 0;
template<class T>
void BiTree<T>::PreOrder(BiNode<T>* R, int k)
{
    if(_____);
    {
        i++;
        if(_____)
            cout << R->data << endl;
        else
        {
            _____;        //递归遍历左子树
            _____;        //递归遍历右子树
        }
    }
}
```

# 综合试卷二

## 一、填空题。（共 21 分，每空 1 分）

1. 数据结构通常由三要素组成：_____、_____和_____；其中数据结构研究的逻辑结构分别有集合、_____、_____和_____。

2. 下列程序段的渐进时间复杂度为_____。

```
for(int i = 1;i <= n;i ++ )
    for(int j = 1;j <= m; j ++ )
        A[i][j] = i * j;
```

3. 假设以 S 和 X 分别表示进栈和退栈操作，则对输入序列 a,b,c,d,e 进行一系列栈操作 SSXSXSSXXX 之后，得到的输出序列为_____。

4. 设 $n$ 阶对称矩阵按行优先方式存储下三角元素，元素 $a_{00}$ 存储在 sa[0] 元素中，元素 $a_{ij}$ 存储在 sa[100] 元素中，则下标 $i$ 的值_____，$j$ 的值为_____。

5. 在对一组记录 (54,38,96,23,15,72,60,45,83) 进行直接插入排序时，当把第 7 个记录 60 插入到有序表时，为寻找插入位置需比较_____次。

6. 10 个顶点的连通无向图至少有_____条边；10 个顶点的连通有向图至少有_____条弧；任何一个具有 10 个结点的完全无向图有_____条边；10 个结点的完全有向图有_____条弧。

7. 长度为 100 的有序序列，其折半查找判定树的高度为_____；长度为 100 的序列构造二叉排序树，则该树的高度最小为_____，该树的高度最大为_____。

8. 将一棵有 40 个结点的完全二叉树从上到下，从左到右依次对结点进行编号，根结点的编号为 1，则编号为 15 的结点的左孩子的编号为_____。

9. 在无向图 G 的邻接矩阵 $A$ 中，若 $A[i][j]$ 等于 1，则 $A[j][i]$ 等于_____。

10. 如下图所示，两个栈共享一个存储空间，top1 和 top2 分别为指向两个栈顶元素的指针，则"栈满"的判定条件是_____。

## 二、选择题。（13 分，每空 1 分）

1. 在 $n$ 个结点的双链表的某个结点前插入一个结点的时间复杂度是（_____）。

A. $O(n)$　　　　　B. $O(1)$　　　　　C. $O(\log_2 n)$　　　　　D. $O(n^2)$

2. 循环队列用数组 $A[m]$ 存放其元素值,已知其头尾指针分别是 $f$ 和 $r$,则当前队列中的元素个数是( )。

A. $(r-f+m)\%m$　　　　　　　　B. $(r-f)\%m$

C. $(r-f+1)\%m$　　　　　　　　D. $r-f$

3. 一棵二叉排序树 $T$,用( )方法进行遍历,可以得到各结点键值的递增序列。

A. 先序遍历　　　B. 中序遍历　　　C. 层次遍历　　　D. 后序遍历

4. 设有序表的关键字序列为{1,4,6,10,18,35,42,53,67,71,78,84,92,99},当用二分查找法查找键值为 84 的结点时,经( )次比较后查找成功。

A. 2　　　　　　B. 3　　　　　　C. 4　　　　　　D. 12

5. 若一组记录的排序码为(46,79,56,38,40,84),则利用堆排序的方法建立的初始堆为( )。

A. 79,46,56,38,40,84　　　　　　B. 84,79,56,38,40,46

C. 84,79,56,46,40,38　　　　　　D. 84,56,79,40,46,38

6. 在有 $n$ 个叶子结点的哈夫曼树中,其结点总数为( )。

A. $n$　　　　　　B. $2n$　　　　　C. $2n+1$　　　　　D. $2n-1$

7. 用某种排序方法对关键字序列(23,72,21,47,15,27,59,35,20)进行排序时,前三趟的结果情况如下:

23,21,47,15,27,59,35,20,72

21,23,15,27,47,35,20,59,72

21,15,23,27,35,20,47,59,72

则所采用的排序方法是( )。

A. 选择排序　　　B. 起泡排序　　　C. 归并排序　　　D. 快速排序

8. 在双向链表 p 所指结点之后插入 s 所指结点的操作是( )。

A. p->right = s; s->left = p; p->right->left = s; s->right = p->right;

B. p->right = s; p->right->left = s; s->left = p; s->right = p->right;

C. s->left = p; s->right = p->right; p->right = s; p->right->left = s;

D. s->left = p; s->right = p->right; p->right->left = s; p->right = s;

9. 设二维数组 $a[m][n]$ 按列优先顺序存储在首地址为 $\text{loc}(a[0][0])$ 的存储区域中,每个元素占 $d$ 个单元,则 $a[i][j]$ 的地址为( )。

A. $\text{loc}(a[0][0]) + (j \times n + i) \times d$

B. $\text{loc}(a[0][0]) + (j \times m + i) \times d$

C. $\text{loc}(a[0][0]) + ((j-1) \times n + i-1) \times d$

D. $\text{loc}(a[0][0]) + ((j-1) \times m + i-1) \times d$

10. 如果一个栈的进栈序列是 1,2,3,4 且规定每个元素的进栈和退栈各一次,那么不可能得到的出栈序列( )。

A. 4,3,2,1　　　B. 4,2,1,3　　　C. 1,3,2,4　　　D. 3,4,2,1

11. 以下( )编码不可能是前缀编码。

A. {0,10,11}

B. {00,01,001,100,101,110,111}

C. {0,10,1100,1101}

D. {1, 01, 0001, 0010, 0011}

12. 将一个递归算法改为对应的非递归算法时，通常需要使用(　　)。

A. 数组　　　　　　B. 栈　　　　　　C. 队列　　　　　　D. 二叉树

13. 未必在一趟排序结束后能把一个元素放到最终位置上的是(　　)。

A. 堆排序　　　　　B. 快速排序　　　　C. 希尔排序　　　　D. 冒泡排序

**三、简答题。(26 分)**

1. (7 分)已知二叉树的前序遍历序列是 *AEFBGCDHIKJ*，中序遍历序列是 *EFAGB-CHKIJD*。要求：

(1) 画出此二叉树；(3 分)

(2) 写出该树后序遍历序列；(2 分)

(3) 画出该二叉树对应的森林。(2 分)

2. (5 分)已知如下所示长度为 12 的表{Jan，Feb，Mar，Apr，May，June，July，Aug，Sep，Oct，Nov，Dec}：

(1) 试按表中元素的顺序依次插入一棵初始为空的二叉排序树，画出插入完成之后的二叉排序树。(提示：字符按其 ASCII 码比较大小)(3 分)

(2) 求在等概率的情况下查找成功的平均查找长度。(2 分)

3. (10 分)给定结点的关键字序列(F、B、J、G、E、A、I、D、C、H)，对它按字母的字典顺序进行排列，采用不同方法，其最终结果相同，但中间结果不尽相同。

(1) 希尔排序(步长为 5)的第一趟排序结果如何？(2 分)

(2) 起泡排序(大数后移)的第一趟排序的结果如何？(2 分)

(3) 快速排序的第一趟排序结果如何？(2 分)

(4) 二路归并排序的第一趟排序结果如何？(2 分)

(5) 若以层次序列来建立对应的完全二叉树后，采用筛选法建堆，则其建立的小根堆序列是什么？(2 分)

4. (5 分)设散列表长 13，按散列函数 $H(x)=x\%11$ 计算散列地址，存储序列{11,4,7,12,3,15,14,19,10,22,2}，如果发生冲突，使用拉链法处理冲突。

(1) 画出存储结果。(3 分)

(2) 若等概率查找序列中的元素，请计算上述方式查找成功的平均查找长度。(2 分)

| 0 |
|---|
| 1 |
| 2 |
| 3 |
| 4 |
| 5 |
| 6 |
| 7 |
| 8 |
| 9 |
| 10 |
| 11 |
| 12 |

5. (6 分)对于如下图所示稀疏矩阵，请写出对应的三元组顺序表，若采用顺序取，直接存的算法进行转置运算，引入辅助数组 number[]和 position[]，分别表示矩阵各列的非零元素个数和矩阵中各列第一个非零元素在转置矩阵中的位置，请写出数组中的各元素值。(所有数组起始元素下标为 0)

原矩阵

$$\begin{vmatrix} 0 & 2 & 0 & 0 \\ 5 & 0 & 3 & 0 \\ 0 & 0 & -1 & 0 \\ 0 & 0 & 0 & 4 \end{vmatrix}$$

| row | col | item |
|-----|-----|------|
|     |     |      |
|     |     |      |
|     |     |      |
|     |     |      |

| 矩阵行数： |
|-----------|
| 矩阵列数： |
| 非零元个数： |

| col | 0 | 1 | 2 | 3 |
|-----|---|---|---|---|
| number[col] |   |   |   |   |
| position[col] |   |   |   |   |

## 四、综合题。（20分）

1.（8分）右图是一个非连通图,请回答下面的问题：

（1）它的极大连通子图？（2分）

（2）这个非连通图生成的森林？（2分）

（3）从 $A$ 和 $F$ 出发的深度优先遍历序列？（2分）

（4）从 $A$ 和 $F$ 出发的广度优先遍历序列？（2分）

2.（12分）假设用于通信的电文由 10 个字符 $\{C_i, i=1,2,\cdots,8\}$ 组成,字符在电文中出现的概率分别为（0.01，0.09，0.2，0.05,0.15，0.2，0.16,0.03,0.04,0.07）。试为这 10 个字母设计哈夫曼编码。

（1）画出哈夫曼树。（4分）

（2）给出各个字符的哈夫曼编码。（5分）

（3）计算平均编码长度（即带权路径长度）。（3分）

## 五、编程题。（13分）

1.（9分）已知指针 R 指向单链表的尾结点,P 结点既不是首结点,也不是尾结点,如下图所示,请填写相应的代码完成下列操作：

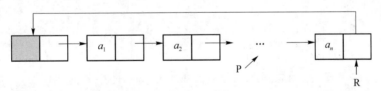

（1）删除尾结点 R 的语句序列：

```
while(_____)
    P = P->next;
_____;
_____;
_____;
```

（2）在 P 结点后插入已知结点 S 的语句序列：

```
_____;
_____;
```

（3）删除 P 结点的语句序列：

```
Q = R;
```

```
      while(_____)
         (_____);
      (_____);
      delete P;
```

2.（4 分）假设二叉树由二叉链表结构存储，完成下面算法，由二叉树 b 生成另一个二叉树 t。

```
template<class T>
void BiTree::Copy(BiNode<T>* &t, BiNode<T>* b)//t 为待复制的二叉树,b 为源二叉树
{
      if(_____)
         t = NULL;
      else{
        t = new BiNode<T>
        _____;//复制结点的数据
        _____;//复制左子树
        _____;//复制右子树
      }
}
```

# 综合试卷三

**一、填空题。(共 28 分,1~13 小题每空 1 分,14、15 小题每空 2 分)**

1. 在数据结构中,数据元素之间通常有 3 种关系,其中一对一的关系对应的逻辑结构是_____,一对多的关系对应的逻辑结构是_____,多对多的关系对应的逻辑结构是_____。

2. 数据结构中基本的存储结构通常有两大类_____和_____。

3. 程序段"i=1;while(i<n) i=i*2"的时间复杂度为_____。

4. 已知栈的存储结构是不带头结点的单链表,结点包含一个数据域 data 和一个指针域 next,栈顶指针是 top,s 是指向新结点的指针,则 s 入栈的操作是_____。

5. 设循环队列中数组的下标范围是 1~100,其头尾指针分别为 $f$ 和 $r$,$f$ 指向队头元素的前一个位置,则队满的条件是_____,队空的条件是_____,若 $f=45$;$r=20$,其元素个数为_____。

6. 用顺序存储的方式,将完全二叉树的所有结点按照从上到下,从左到右的顺序存放在一维数组 $R[1..n]$ 中,若 $R[i]$ 既有左孩子又有右孩子,则其左孩子的下标是_____,右孩子的下标是_____。

7. 设森林 T 中有三棵树,第一、二、三棵树的结点个数分别为 $n_1$,$n_2$,$n_3$,将森林转换成二叉树后,其根结点的左子树上有_____个结点,右子树上有_____个结点。

8. 设二叉树中结点包含的两个指针域分别为 lchild 和 rchild,则判断指针变量 p 所指向的结点为叶子结点的条件是_____。

9. 设树的度为 5,其中度为 1~5 的结点数分别为 6、5、4、3、2 个,则该树共有_____个叶子结点。

10. 在无向图 G 的邻接矩阵 $A$ 中,若 $A[i][j]$ 等于 1,则 $A[j][i]$ 等于_____。

11. 在各种查找方法中,平均查找长度与结点个数 $n$ 无关的查找方法是_____。

12. 一棵二叉排序树按照_____遍历,可以得到结点值从小到大的排序序列。

13. 已知有序表为(12,18,24,35,47,50,62,83,90,115,134),则折半查找 62 时,需要进行_____次比较才可确定成功。

14. 假设三维数组 $A[10][9][8]$,若每个元素占 3 个存储单元,且首地址为 100,则元素按行优先顺序存储 $A[4][5][6]$ 的存储地址是_____;按列优先顺序存储 $A[4][5][6]$ 的存储地址是_____。(下标从 0 开始)

15. 设一组初始记录关键字序列为(10,18,4,3,6,12,1,9,15,8),则利用希尔排序进行操作时,第 1 趟 $d=5$ 的排序结果是_____;第 2 趟 $d=3$ 的排序结果是_____。

**二、单选题。(共 18 分,每空 1 分)**

1. 下面 STL 类中哪一个类与线性表无关(　　)。

A. vector　　　　　B. list　　　　　C. stack　　　　　D. map

2. 已知使用顺序表存储数据,表长为 $n$,假设在表中的任意位置删除元素的概率相等,则删除一个元素,平均需要移动的元素个数为(　　)。

A. $(n-1)/2$　　B. $n/2$　　　　C. $(n+1)/2$　　　　D. 不确定

3. 在双向链表 p 所指结点之后插入 s 所指结点的操作是(　　)。

A. p->right = s; s->left = p; p->right->left = s; s->right = p->right;

B. p->right = s; p->right->left = p; s->left = p; s->right = p->right;

C. s->left = p; s->right = p->right; p->right = s; p->right->left = s;

D. s->left = p; s->right = p->right; p->right->left = s; p->right = s;

4. 在一个二维数组 $A[m][n]$ 中,已知 $A[0][0]$ 存放位置为 $644_{(10)}$,$A[2][2]$ 存放位置为 $676_{(10)}$,每个元素占一个空间,则 $A[3][3]$ 存放在什么位置时,脚注 $_{(10)}$ 表示用十进制数表示?(　　)

A. 688　　　　　B. 678　　　　　C. 692　　　　　D. 696

5. 实现图的广度优先遍历算法和二叉树的层序遍历,通常需要使用(　　)。

A. 数组　　　　　B. 栈　　　　　C. 队列　　　　　D. 二叉树

6. 若已有一个栈,输入序列为 A,B,C,D,E,那么下面哪种出栈序列不可能得到(　　)。

A. ABCDE　　　B. EDCBA　　　C. BAEDC　　　D. ECDBA

7. 已知图 G,求从图中的一个顶点到其他顶点的最短路径,一般使用的算法是(　　)。

A. 普里姆(Prim)算法　　　　　　B. 克鲁斯卡尔(Kruskal)算法

C. 迪杰斯特拉(Dijkstra)算法　　　D. 弗洛伊德(Floyd)算法

8. 某二叉树的前序遍历结点访问顺序是 $ABCDEFGH$,中序遍历的结点访问顺序是 $CBDAGFHE$,则其后序遍历的结点访问顺序是(　　)。

A. $CDBGHFEA$　　B. $DCBGHFEA$　　C. $DCBFEGHA$　　D. $CDBHGFEA$

9. 正则二叉树是只有度为 0 和 2 的结点的二叉树,已知正则二叉树的叶子结点个数为 $n$,则该二叉树总的结点数为(　　)。

A. $n+1$　　　　B. $2*n$　　　　C. $2*n+1$　　　　D. $2*n-1$

10. 以下说法正确的是(　　)。

A. 一个有向图的邻接表和逆邻接表中表结点的个数一定相等

B. 一棵树中的叶子结点数一定等于与其对应的二叉树中的叶子结点数

C. 对有向图 G,如果从某一顶点出发进行一次深度优先或广度优先搜索就能访问每个顶点,则该图一定是完全图

D. 直接插入排序、起泡排序、简单选择排序均为稳定排序

11. 折半查找有序表(3,4,5,10,13,18,20,30),若查找元素 30,则被比较的元素依次为(　　)。

A. 10,18,30　　B. 10,18,20,30　　C. 10,20,30　　D. 13,20,30

12. 在二叉排序树中查找一个元素,其时间复杂度为(　　)。

A. $O(1)$　　　　B. $O(n)$　　　　C. $O(\log_2 n)$　　　　D. $O(n^2)$

13. 用某种排序方法对关键字序列(25,84,21,47,15,27,68,35,20)进行排序时,序列的

变化情况如下：

20,15,21,25,47,27,68,35,84

15,20,21,25,35,27,47,68,84

15,20,21,25,27,35,47,68,84

则所采用的排序方法是(　　)。

A. 选择排序　　　B. 希尔排序　　　C. 归并排序　　　D. 快速排序

14. 一棵含 18 个结点的二叉树的高度至少为(　　)。

A. 3　　　　　　B. 4　　　　　　C. 5　　　　　　D. 6

15. 设一组初始关键字记录为(20,15,14,18,21,36,40,10),则以 20 为基准记录的一趟快速排序结束后的结果为(　　)。

A. 10,15,14,18,20,40,36,21　　　B. 10,15,14,18,20,36,40,21

C. 10,15,14,20,18,40,36,21　　　D. 15,10,14,18,20,36,40,21

16. 若由树转化得到的二叉树是非空的二叉树,则二叉树形状是(　　)。

A. 根结点无右子树的二叉树　　　B. 根结点无左子树的二叉树

C. 根结点可能有左子树和右子树　　D. 各结点只有一个孩子的二叉树

17. 将一棵树 t 转换为二叉树 h,则 t 的后序遍历是 h 的(　　)。

A. 中序遍历　　　B. 前序遍历　　　C. 后序遍历　　　D. 层序遍历

18. 平均时间复杂度为 $O(n\log n)$ 的稳定排序算法是(　　)。

A. 快速排序　　　B. 堆排序　　　C. 归并排序　　　D. 冒泡排序

三、综合题。(共 43 分)

1. (5 分)设有一组初始记录关键字为(45,80,48,30,22,78,43,35),

(1) 按要求构造一棵二叉排序树;(3 分)

(2) 删除结点 45 后,画出调整后的二叉排序树。(2 分)

$$\begin{bmatrix} 0 & 6 & 1 & 5 & \infty & \infty \\ 6 & 0 & 5 & \infty & 3 & \infty \\ 1 & 5 & 0 & 5 & 6 & 4 \\ 5 & \infty & 5 & 0 & \infty & 2 \\ \infty & 3 & 6 & \infty & 0 & 7 \\ \infty & \infty & 4 & 2 & 7 & 0 \end{bmatrix}$$

2. (8 分)已知带权无向图 G 的邻接矩阵如右图所示,完成以下问题。

(1) 结点编号按照从上到下的顺序依次为 1～6,请根据邻接矩阵画出图 G。(2 分)

(2) 分别写出从 1 号结点开始深度和广度优先遍历结果。〔深度遍历(2 分);广度遍历(2 分)〕

(3) 画出该图的最小生成树。(2 分)

3. (9 分)一棵二叉树的先序、中序和后序序列分别如下,其中有一部分未显示出来。

(1) 试求出空格处的内容(每空 1 个字符)。(3 分)

先序序列:___ B ___ F ___ ICEH ___ G;

中序序列:D ___ KFIA ___ EJC ___;

后序序列:___ K ___ FBHJ ___ G ___ A;

(2) 画出该二叉树(3 分),并将该二叉树转化成森林。(3 分)

4. (9 分)假设用于通信的电文仅由 8 个字符(A,B,C,D,E,F,G,H)组成,字符在电文中出现的概率分别为(0.1,0.19,0.05,0.17,0.03,0.21,0.09,0.16)。采用哈夫曼编码。

(1) 画出哈夫曼树。(3 分)

（2）计算平均编码长度（即带权路径长度）。（2分）

（3）最长的编码为几位，对应哪些字符？最短的编码为几位，对应哪些字符？（4分）

5．（6分）设散列表长 $m=13$，按散列函数 $H(\text{key})=\text{key}\%m$ 计算散列地址，存储序列 $\{19,14,23,10,68,20,84,27,55,11,18\}$，如果发生冲突，使用平方探测法处理冲突。

（1）画出存储结果。（4分）

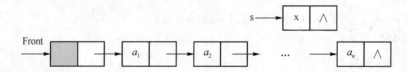

（2）若等概率查找序列中的元素，请计算上述方式查找成功的平均查找长度。（2分）

6．（6分）对关键字序列(72,87,61,23,94,16,05,58)进行堆排序，使之按关键字递减次序排列，请写出：

（1）排序过程中的初始堆序列；（2分）

（2）前2趟的堆排序的排序序列。（4分）

**四、程序题。（11分，每空1分）**

1．（5分）已知指针 Front 指向单链表的头结点，该单链表是升序有序排列，如下图所示。插入一个新结点 s，并让插入后的单链表仍然有序，请填写相应的代码完成下列操作：

已知结点结构如下：

```
struct Node
{
    int     data;
    Node *   next;
};
void InsertList(Node * front, Node * s)
{
    Node * p = front;
    Node * q ;
    while(_____)
    {
        q = p -> next;
        if(_____)                //判断插入的位置
        {
            _____;               //插入结点s
            _____;
            break;
```

```
        }
                  _____;                    //指针下移
      }
}
```

2. (6分)已知 R 是指向二叉排序树根结点的指针,key 是待查找的关键字,$i$ 为当前结点父结点的层次,若查找成功,输出该关键字在树上的层数;否则输出 0。(根结点是第 1 层)

```
struct BiNode
{
    int       data;
    BiNode *   lch;
    BiNode *   rch;
};
```

(1) 请填写相应的代码完成该功能。

```
intLevel(BiNode *  R, int key, int i)
{
        if(_____)   return 0;          //查找失败
        else if(R->data == key)
              _____;
        else
        {
              int n = _____;           //在左子树上查找
              if(n == 0)
                n = _____;             //在右子树上查找
              return n;
        }
}
```

(2) 若该二叉排序树由关键字序列{5, 1, 8, 2, 7, 9, 3, 6}创建,则
输入 key=6,$i$=0,输出是_____;
输入 key=2,$i$=0,输出是_____。

# 综合试卷四

**一、填空题。(22 分,每空 1 分)**

1. 设待处理的问题规模为 $n$,若一个算法的时间复杂度为一个常数,则表示为＿＿＿＿,若一个算法的执行次数为 $n * \log_2 5n$,则时间复杂度表示为＿＿＿＿。

2. 数据的逻辑结构主要分为＿＿＿＿、＿＿＿＿、＿＿＿＿和＿＿＿＿四种。

3. 一棵度为 3 的树,若度为 1 的结点有 5 个,度为 2 的结点有 8 个,度为 3 的结点有 12 个,则该树有＿＿＿＿个叶子结点。

4. 设一个空栈,栈顶指针为 1000H,若有输入序列为 1、2、3、4、5,经过 push、push、pop、push、pop、push、push 后,输出序列是＿＿＿＿,若输入的每个数占 4 个字节的空间,则栈顶指针为＿＿＿＿H。

5. 按照＿＿＿＿遍历二叉排序树得到的序列是一个有序序列。

6. 若哈夫曼树一共有 $n$ 个叶子结点,则该哈夫曼树总结点数为＿＿＿＿。

7. 设 C++中存储三维数组 $A_{mnp}$,则第一个元素为 $a_{000}$,若按行优先存储,则 $a_{ijk}$ 前面共有＿＿＿＿个元素;若按列优先存储,则 $a_{ijk}$ 前面共有＿＿＿＿个元素。

8. 设 8 行 8 列的二维数组起始元素为 $A[0][0]$,按行优先存储到起始元素下标为 0 的一维数组 $B$ 中,则元素 $A[5][3]$ 在 $B$ 数组中的位置为 $B[＿＿＿＿]$。

9. 图的深度优先遍历类似于树的＿＿＿＿遍历,它所用的数据结构是＿＿＿＿,图的广度优先遍历类似于树的＿＿＿＿遍历,使用的数据结构是＿＿＿＿。

10. 设无向图 G 中顶点数为 $n$,则图 G 至少有＿＿＿＿条边,至多有＿＿＿＿条边;若 G 为有向图,则至少有＿＿＿＿条弧,至多有＿＿＿＿条弧。

**二、单选题。(23 分,每空 1 分)**

1. 顺序表是一种采用( )存取方式的( )存储结构,链表是一种采用( )存取方式的( )存储结构。

　　A. 顺序　　　　　B. 随机　　　　　C. 链式　　　　　D. 有序

2. STL 中最常用的用于处理顺序表问题的容器是( ),STL 中用于处理链表问题的容器是( )。

　　A. vector　　　　B. map　　　　　C. list　　　　　D. stack

3. 长度为 20 的有序序列,采用折半查找,共有( )个元素的查找长度为 3。

　　A. 2　　　　　　B. 3　　　　　　C. 4　　　　　　D. 5

4. 在双向链表 p 所指结点之后插入 s 所指结点的操作是( )。

　　A. p->right = s; s->left = p; p->right->left = s; s->right = p->right;

B. p->right = s; p->right->left = s; s->left = p; s->right = p->right;

C. s->left = p; s->right = p->right; p->right = s; p->right->left = s;

D. s->left = p; s->right = p->right; p->right->left = s; p->right = s;

5. 如果结点 A 有 3 个兄弟，B 是 A 的双亲，则结点 B 的度是（　　　）。

A. 1　　　　　　B. 2　　　　　　C. 3　　　　　　D. 4

6. 将一个递归算法改为对应的非递归算法时，通常需要使用（　　　）。

A. 数组　　　　　B. 栈　　　　　　C. 队列　　　　　D. 二叉树

7. 在一棵度为 3 的树中，度为 3 的结点的个数为 12，度为 2 的结点个数为 11，则度为 0 的结点个数为（　　　）。

A. 24　　　　　　B. 35　　　　　　C. 36　　　　　　D. 27

8. 将一棵二叉树 h 转换为与之对应的森林 t，则 h 的中序遍历是 t 的（　　　）。

A. 前序遍历　　　B. 中序遍历　　　C. 后序遍历　　　D. 层序遍历

9. 以下说法不正确的是（　　　）。

A. 快速排序、归并排序都是一种不稳定的排序方法

B. 直接插入排序和折半插入排序移动元素的次数相同

C. 简单选择排序移动元素的次数最少

D. 根据排序需要的平均时间，快速排序是目前最好的一种内部排序方法

10. 设 $m$、$n$ 为一棵二叉树上的两个结点，在中序遍历时，$n$ 在 $m$ 前的条件是（　　　）。

A. $n$ 在 $m$ 右方　　　　　　　　B. $n$ 是 $m$ 祖先

C. $n$ 在 $m$ 左方　　　　　　　　D. $n$ 是 $m$ 子孙

11. 具有 $n$ 个顶点的有向图中，若所有顶点的出度之和为 $S$，则所有顶点的入度之和为（　　　）。

A. $S$　　　　　B. $S-1$　　　　C. $S+1$　　　　D. $2S$

12. 某二叉树的前序遍历结点访问顺序是 ABDEFCGH，中序遍历的结点访问顺序是 DBFEAGHC，则其后序遍历的结点访问顺序是（　　　）。

A. DFEBHCGA　　B. DFEBHGCA　　C. DEFBHGCA　　D. DFEHBGCA

13. 排序趟数与序列的原始状态有关的排序方法是（　　　）。

A. 直接插入排序　　　　　　　　B. 简单选择排序

C. 快速排序　　　　　　　　　　D. 归并排序

14. 折半查找有序表(3,4,5,10,13,14,20,30)，若查找元素 3，则被比较的元素依次为（　　　）。

A. 10,20,30　　　B. 13,3　　　　C. 10,14,30　　　D. 10，4，3

15. 设将序列($Q,H,C,Y,P,A,M,S,R,D,F,X$)按升序排列，则（　　　）是一趟起泡排序的结果，（　　　）是增量为 4 的希尔排序的结果，（　　　）是二路归并排序的结果，（　　　）是以第一个元素为轴值的快速排序结果，（　　　）是对排序初始建堆的结果。

A. ($F,H,C,D,P,A,M,Q,R,S,Y,X$)　　B. ($P,A,C,S,Q,D,F,X,R,H,M,Y$)

C. ($A,D,C,R,F,Q,M,S,Y,P,H,X$)　　D. ($H,C,Q,P,A,M,S,R,D,F,X,Y$)

E. ($H,Q,C,Y,A,P,M,S,D,R,F,X$)

### 三、综合题。(32分)

1. (3分)一棵二叉排序树的结构如下图所示，结点值为 1～8，请标出各结点的值。

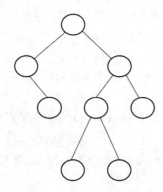

2.（6分）已知序列：{12，13，11，18，60，15，7，18，25，100}。

（1）使用最少的调整次数将其调整成为大根堆，请写出调整后的序列（3分）。

（2）写出按大根堆进行堆排序的第一趟排序序列（3分）。

3.（6分）用散列函数 $H(x)=x\%11$ 计算散列地址，存储序列{42，14，23，1，32，20，10，54}，如果发生冲突，使用链地址法处理冲突。

（1）画出存储结果。（4分）

（2）若等概率查找序列中的每个元素，请计算按上述方式查找成功的平均查找长度。（2分）

4.（10分）假设用于通信的电文仅由7个字符（A，B，C，D，E，F，G）组成，字符在电文中出现的概率分别为（0.05，0.09，0.02，0.12，0.47，0.10，0.15）。

（1）画出哈夫曼树。（4分）

（2）计算平均编码长度（即带权路径长度）。（2分）

（3）最长的编码为几位，对应哪些字符？最短的编码为几位，对应哪些字符？（4分）

5.（7分）对于带权图 G，完成以下问题。

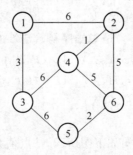

（1）分别写出从1号结点开始深度和广度优先遍历结果（按序号由小到大）。（4分）

(2) 画出该图的最小生成树。(3 分)

**四、程序题。(23 分)**

1. (4 分)阅读下面的程序,并回答问题。

```
void func(int n)                                    //n 为正整数
{
    if(n / 2 > 0)
        func (n/2);
    cout << n % 2;
}
```

(1) 该程序完成的功能是_____;

(2) 执行该函数,若输入参数为 77,则输出为_____。

2. (7 分)下面代码实现折半插入排序算法,请填写其中的空缺语句。(每空 1 分)。

```
void BiInsertSort (int r[], int n)
{
    int  i, low, high, m;
    for(i = 2; i <= n; ++i)
    {
        _____;                            //将 r[i]暂存到 r[0]
        low = 1;
        high = i - 1;
        while(_____)
        {
            m = (low + high)/2;              // 折半
            if(r[0] < r[m]) _____;        //插入点在低半区
            else     _____;               //插入点在高半区
        }
        for(j = _____;  j >= _____;   --j)   //记录后移
            r[j] = r[j - 1];
        _____;                            // 插入
    }
}
```

3. (12 分)已知数组$(k_1, k_2, \cdots, k_n)$是大根堆,试完成下面的算法,将$(k_1, k_2, \cdots, k_{n+1})$调整成大根堆,并回答相关问题。(数组 $k$ 空间充足,0 号下标不用)(每空 2 分)

```
void HeapSort (int k[], int n)                  //n 为已知大根堆的元素个数
{
    int i = n + 1;
    while(_____)                             //i 不是根结点
    {
```

```
        int j = i / 2;
        if(k[i]< = k[j])
            _____;                    //已经是大根堆,跳出循环
        else
        {
            int temp = k[i];
            _____;                    //父结点和子结点交换
            _____;
        }
        _____;                        //迭代
    }
}
void main()
{
    int k[20] = {0,50,40,45,36,32,18,22,30,42};
    HeapSort(k,8);
    for(int i = 1;i < = 9;i ++ )
        cout << k[i]<<″ ″;
}
```

执行该程序,程序输出结果为 _____。

# 综合试卷五

## 一、填空题。(共 17 分,每空 1 分)

1. 在数据结构中,数据元素之间通常有下列四类基本结构:_____、_____、_____和_____;有两种物理结构(存储结构),分别为_____、_____。

2. $n$ 个顶点的连通图至少有_____条边;任何一个具有 $n$ 个结点的完全无向图有_____条边;$n$ 个结点的完全有向图有_____条弧。

3. 在无向图 G 的邻接矩阵 $A$ 中,若 $A[i][j]$ 等于 1,则 $A[j][i]$ 等于_____。

4. 通过建立 Hash 表查找元素,理想情况下,查找元素的时间复杂度为_____。

5. 长度为 11 的有序序列:1 12 13 24 35 36 47 58 59 69 71 进行等概率查找,如果采用顺序查找,则平均查找长度为_____,如果采用二分查找,则平均查找长度为_____,如果采用哈希查找,哈希表长为 15,哈希函数为 $H(key) = key\%13$,采用线性探查解决地址冲突,即 $d_i = (H(key)+i)\%15$,则平均查找长度为_____。(保留 1 位小数)

6. 通过衡量一个算法的_____复杂度和_____复杂度来判定一个算法的好坏。

7. 将下三角矩阵 $A[8,8]$ 的下三角部分逐行地存储到起始地址为 1000H 的内存单元中(下标从 0 开始,不存储上三角部分),已知每个元素占 4 个单元,则 $A[5,4]$ 的地址是_____。(要求十六进制数)

## 二、选择题。(共 13 分,每题 1 分)

1. 下面带有@标记的语句的频度($n>10$)是(    )。
```
for(int i = 0;i < n－1;i ++)
    for(int j = i + 1;j < n;j ++)
        @cout << i << j << endl;
```

A. $n*(n-1)/2$    B. $n*n/2$    C. $n*(n+1)/2$    D. 不确定

2. 已知使用顺序表存储数据,表长为 $n$,假设在表中的任意位置插入元素的概率相等,则插入一个元素,平均需要移动的元素个数为(    )。

A. $(n-1)/2$    B. $n/2$    C. $(n+1)/2$    D. 不确定

3. 在双向链表 p 所指结点之后插入 s 所指结点的操作是(    )。

A. p->right = s; s->left = p; p->right->left = s; s->right = p->right;

B. p->right = s; p->right->left = s; s->left = p; s->right = p->right;

C. s->left = p; s->right = p->right; p->right = s; p->right->left = s;

D. s->left = p; s->right = p->right; p->right->left = s; p->right = s;

4. 字符串相等的充分必要条件是(    )。

A.串长度相等    B. 串使用相同的存储结构

C. 串相同位置对应的字符相等　　　　　D. A 和 C

5. 将一个递归算法改为对应的非递归算法时,通常需要使用(　　)。

　A. 数组　　　　　　B. 栈　　　　　　C. 队列　　　　　　D. 二叉树

6. 一个栈的入栈序列为 1,2,3,4,5,则栈的不可能的输出序列是(　　)。

　A. 12345　　　　　B. 54321　　　　　C. 32514　　　　　D. 12354

7. 设循环队列中数组的下标范围是 1~n,其头尾指针分别为 $f$ 和 $r$,则其元素个数为(　　)。

　A. $r-f$　　　　　　　　　　　　　B. $r-f+1$

　C. $(r-f) \bmod n +1$　　　　　　　D. $(r-f+n) \bmod n$

8. 已知图 G,求从图中的一个顶点到其他顶点的最短路径,一般使用的算法是(　　)。

　A. 普里姆(Prim)算法　　　　　　　B. 克鲁斯卡尔(Kruskal)算法

　C. 迪杰斯特拉(Dijkstra)算法　　　　D. 弗洛伊德(Floyd)算法

9. 某二叉树的前序遍历结点访问顺序是 *ABDEFCGH*,中序遍历的结点访问顺序是 *DBFEAGHC*,则其后序遍历的结点访问顺序是(　　)。

　A. *DFEBHCGA*　　　　　　　　　B. *DFEBHGCA*

　C. *DEFBHGCA*　　　　　　　　　D. *DFEHBGCA*

10. 正则二叉树是只有度为 0 和 2 的结点的二叉树,已知正则二叉树的叶子结点个数为 $n$,则该二叉树总的结点数为(　　)。

　A. $n+1$　　　　B. $2*n$　　　　　C. $2*n+1$　　　　D. $2*n-1$

11. 下面关于排序的说法错误的是(　　)。

　A. 快速排序、归并排序都是一种不稳定的排序方法

　B. 直接插入排序和折半插入排序移动元素的次数相同

　C. 简单选择排序移动元素的次数最少

　D. 根据排序需要的平均时间,快速排序是目前最好的一种内部排序方法

12. 折半查找有序表(3,4,5,10,13,14,20,30),若查找元素 3,则被比较的元素依次为(　　)。

　A. 10,20,30　　　B. 10,14,30　　　C. 13,3　　　　　D. 10,4,3

13. 下面关于栈和队列的说法正确的是(　　)。

　A. 栈是先进先出的线性表,队列是后进先出的线性表

　B. 栈是先进先出的线性表,队列也是先进先出的线性表

　C. 栈是后进先出的线性表,队列是先进先出的线性表

　D. 栈是后进先出的线性表,队列也是后进先出的线性表

**三、简答题。(共 22 分)**

1. (9 分)已知邻接表(如下图所示),画出其对应的有向图 G,并写出从 $V_0$ 开始深度优先搜索和广度优先搜索的序列。

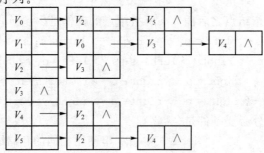

2. (4分)根据下面的三元组,写出相应的稀疏矩阵(矩阵为6行7列)。

| $i$ | $j$ | $k$ | $i$ | $j$ | $k$ |
|---|---|---|---|---|---|
| 1 | 2 | 12 | 4 | 3 | 13 |
| 1 | 3 | 9 | 5 | 2 | 18 |
| 2 | 5 | 5 | 6 | 1 | 15 |
| 3 | 1 | $-3$ | 6 | 7 | 8 |
| 3 | 6 | 14 | | | |

3. (9分)已知 L 是带头结点的单链表,表头指针为 H(如下图所示)。

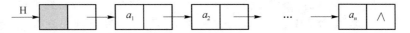

(1) 如果在表头插入一个结点(s 为指向该结点的指针),则相应的代码是_____;

(2) 如果在表头删除一个结点,则相应的代码是_____;

(3) 如果在表尾插入一个结点(s 为指向该结点的指针),则相应的代码是_____。

A. while(p! = NULL) p = p->next;

B. s->next = H->next;

C. p->next = s;

D. Node *p = H->next;

E. s->next = p->next;

F. H->next = s;

G. H->next = p->next;

H. while(p->next! = NULL) p = p->next;

I. p->next = NULL;

J. Node *p = H;

K. delete p;

L. delete H;

## 四、综合题。(共 34 分)

1. (10分)根据下面的二叉树,写出先序遍历、中序遍历、后序遍历的序列,再将该二叉树转化成森林。

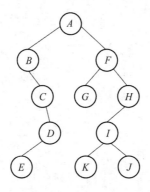

2. (14分)已知某系统在通信联络中只可能出现 8 种字符,其概率分别为 $0.07(A)$、$0.19(B)$、$0.02(C)$、$0.06(D)$、$0.32(E)$、$0.03(F)$、$0.21(G)$、$0.10(H)$。

(1) 画出哈夫曼树,计算其带权路径长度 WPL。

（2）最长的编码为几位，对应哪些字符？最短的编码为几位，对应哪些字符？

（3）如果电文是 $ABCDEFGH$，压缩前每个电文使用 8bit ASCII 编码，则采用上面的哈夫曼编码，其压缩比是多少？

3.（10 分）已知序列(19,49,55,32,66,26,108,58,46,95,31)判断是否为小(顶)根堆？

（1）若否，则以最少的移动次数将它们调整为小(顶)根堆。

（2）写出一趟堆排序的结果，即输出堆顶元素(将该元素交换到最后位置)，并调整成新堆的结果。

（要求画出最后的堆结构和线性序列）

**五、编程填空。(共 14 分，每空 2 分)**

1. 直接插入排序(升序)

说明：待排序记录为整型，存放在数组 list 中，其中 list[0]留空。

```
void InsertSort(int list[], int len)
{
    for(int _____; i <= len; i++)
        if(list[i] < list[i-1])
        {
            list[0] = _____;
            list[i] = list[i-1];
            for(int j = i-2; list[0] < list[j]; j--)
                _____;                  //记录后移
            _____;
        }
}
```

2. 简单选择排序(升序)

说明：待排序记录为整型，存放在数组 list 中，其中 list[0]留空。

```
void SelectSort(int list[], int len)
{
    int j;
    for(int i = 1; i <= len; i++)
    {
        j = i;
        for(int k = i+1; k <= len; k++)    //选取最小记录的位置
            if(list[j] > list[k])
                _____;
        if(_____)
        {
            list[0] = list[i]; list[i] = list[j]; _____;    //交换数据
        }
    }
}
```

# 综合试卷六

一、填空题。**(共 27 分,每空 1 分)**

1. 基本的存储结构通常有两大类:_____ 和 _____。

2. 若算法总耗时 $T$ 与问题规模 $n$ 的关系为 $T(n)=2n^2+3n+1$,则算法的时间复杂度可记为 _____。

3. 数组 array[8][16][32] 的元素按行优先方式存储,首地址为 1024H,每个元素占 4 字节,则元素 array[4][8][16] 的地址为 _____。

4. 设一组记录关键字序列为 (95,60,45,70,25,57,49),以完全二叉树顺序方式存储,用筛选法构建大根堆,从关键码值为 _____ 的结点开始调整。

5. 一个单链表,已知每个结点 Node 包含 data 和 next 两个成员,设指向结点的工作指针 q 和 p,q->next==p;指针 s=new Node<int>,s->data=10;若在 q 和 p 之间插入 s 所指结点,则执行 _____ 和 _____ 操作。

6. 设字符集权重表为 {16,25,28,4,6,20,3,12,2},用于构建 huffman 树,若采用顺序存储,需定义 _____ 结点的存储空间。

7. 设一棵二叉树的前序遍历序列为 $ABCDEF$,中序遍历序列为 $CBDAEF$,则该二叉树的后序遍历序列为 _____。

8. 顺序表采用连续存储方式实现的,是一种 _____ 存取结构,对表中任意结点存取操作的时间复杂度为 _____;而查找链表中的结节,因为链表是一种顺序存取结构,需要从头指针起顺着链扫描才能得到,平均时间复杂度为 _____。

9. 栈的进出原则是 _____,仅允许在栈 _____ 进行插入与删除操作;队列的进出原则是 _____,仅允许在队 _____ 插入元素,在队 _____ 删除元素。

10. 设循环队列空间大小 size=1 024,front 指向队头元素的前一个位置,rear 指向队尾元素,若 front=150,rear=30,则队列中元素个数为 _____。

11. 一棵高度为 $h$ 的满 3 叉树有如下性质:第 $h$ 层上的结点都是叶结点,其余各层上每个结点都有 3 棵非空子树;如果按层次自顶向下,同层自左向右,顺序从 1 开始对全部结点编号,试问:(1)各层结点个数是 _____,(2)编号为 $i$ 的结点的父结点(若存在)的编号为 _____,(3)编号为 $i$ 的结点的第 $m$ 个孩子结点(若存在)的编号为 _____,(4)叶子结点数 $n_0$ 和分支结点 $n_k$ 之间满足的关系是 _____。

12. 对于 32 位计算机环境,若单链表中的数据类型为 int,则其存储密度为 _____;而若为双链表,则存储密度为 _____;若采用顺序表存储数据,则其存储密度为 _____。

13. 含有 $n$ 个顶点 _____ 条边的图称为完全无向图;含有 $n$ 个顶点、_____ 条边弧的图称为完全有向图。

**二、选择题。(18 分,第 9 题 2 分,其他每空 1 分)**

1. 分析函数 $f()$ 的时间复杂度。(　　)

```
void f(int n)
{   inti = 0, s = 0;
    while(s < n)  {
        i ++ ;   s = s + i;
    }
}
```

A. $O(n)$　　　　　B. $O(1)$　　　　　C. $O(n^{1/2})$　　　　　D. $O(n^2)$

2. 假设我们已经得到二叉树一对遍历序列,那么哪一对遍历序列可以唯一确定此二叉树?(　　)

(1) 前序和后序　　　　　　　　　　(2) 中序和后序
(3) 前序和中序　　　　　　　　　　(4) 层序和后序

A. 仅(1)　　　　B. (2)和(3)　　　　C. 仅(3)　　　　D. 仅(4)

3. 在有 $n$ 个叶子结点的哈夫曼树中,其结点总数为(　　)。

A. $n$　　　　　B. $2n$　　　　　C. $2n+1$　　　　　D. $2n-1$

4. 在排序元素的数目较大的情况下,选用(　　)可以获得 $O(n\log_2 n)$ 的时间复杂度且稳定的排序结果。

A. 归并排序　　　B. 快速排序　　　C. 堆排序　　　D. 希尔排序

5. 将一个递归算法改为对应的非递归算法时,通常需要使用(　　)。

A. 数组　　　　B. 栈　　　　C. 队列　　　　D. 二叉树

6. 若 一组记录的关键码为(46,79,56,38,40,84),则利用堆排序的方法建立的初始大根堆为(　　)。

A. 84,56,79,40,46,38　　　　　　　B. 84,79,56,46,40,38
C. 84,79,56,38,40,46　　　　　　　D. 79,46,56,38,40,84

7. 我们用循环链表表示一个队列。如果用一个独立的指针 p 用来存取队列,那么指针 p 指向哪个结点才能使得入队和出队耗费固定的时间?(　　)

A. 尾结点　　　　　　　　　　B. 头结点
C. 无法实现　　　　　　　　　D. 头结点的下一个结点

8. 如下方法和数据结构的最佳匹配是(　　)。

X:深度优先遍历　　　　1:堆
Y:广度优先遍历　　　　2:队列
Z:排序　　　　　　　　3:栈

A. X−1 Y−2 Z−3　　　　　　　B. X−3 Y−1 Z−2
C. X−3 Y−2 Z−1　　　　　　　D. X−2 Y−3 Z−1

9. 如下代码中函数 DoSomething() 的输入参数为一个指向非空树根节点的指针,那么函数的返回值是(　　)。

structCellNode

```
{
    int element;
    CelINode * leftchild;
    CelINode * rightChild;
}
intDosomething(struct CelINode * ptr)
{
    int value = 0;
    if (ptr ! = NULL)
    {
        if (ptr - > leftChild ! = NULL)
            value = 1 + DoSomething(ptr - >leftChild);
        if (ptr - > rightChild! = NULL)
            value = max(value, 1 + DoSomething(ptr - >rightChild));
    }
    return (value);
}
```

A. 该树的叶子结点数        B. 该树的结点数

C. 该树的分支结点数        D. 该树的高度

10. 用数组 $A[1..MAXSIZE]$ 来实现两个栈。两个栈分别从数组的两端开始增长,变量 top1 和 top2(top1 < top2)分别指向每个栈的栈顶元素。如果数据空间被有效利用,那么栈满的条件是( )。

A. (top1 = MAXSIZE/2)并且(top2 = MAXSIZE/2 + 1)

B. top1 + top2 = MAXSIZE

C. (top1 = MAXSIZE/2) or (top2 = MAXSIZE)

D. top1 = top2 - 1

11. 如果使用数组数据结构,下述哪种排序算法在最佳情况下时间复杂度最高?( )

A. 堆排序       B. 选择排序       C. 气泡排序       D. 插入排序

12. 在双向链表中,删除 p 所指结点的直接后继结点的操作是( )。

A. q = p→right;p→right→right→left = p;p→right = p→right→right

B. q = p→right;p→right→left = p; q→right = p→right;

C. p→right→right→left = p;p→right = q;p→right = p→right→right

D. p→right = p→right→right; p→right = q; p→right→right→left = p

13. 如果一个栈的进栈序列是 1,2,3,4 且规定每个元素的进栈和退栈各一次,那么不可能得到的出栈序列是( )。

A. 4,3,2,1      B. 4,2,1,3      C. 1,3,2,4      D. 3,4,2,1

14. 如果从无向图的任一顶点出发进行一次深度优先搜索即可访问所有顶点,则该图一定是( )。

A. 完全图      B. 一棵树      C. 有回路      D. 连通图

15. 设散列表长 $m = 14$,散列函数 H(key) = key MOD 11。表中已有 4 个结点:H(15) = 4,

$H(38)=5$，$H(61)=6$，$H(84)=7$，其余地址为空，如用线性探测法处理冲突，则关键字为 49 的地址为（　　　）。

A. 8 　　　　　　 B. 3 　　　　　　 C. 5 　　　　　　 D. 9

16. 一棵二叉树的前序遍历序列为 30，20，10，15，25，23，39，35，42。下列哪个序列能为同一棵树的后序遍历序列？（　　　）

A. 10，20，15，23，25，35，42，39，30

B. 15，10，25，23，20，42，35，39，30

C. 15，20，10，23，25，42，35，39，30

D. 15，10，23，25，20，35，42，39，30

17. 下面哪一种排序方法的时间复杂度最接近 $O(n)$？（　　　）

A. 快速排序　　　 B. 堆排序　　　 C. 计数排序　　　 D. 归并排序

### 三、综合题。(38 分)

1. (7 分)设散列表的长度为 13，散列函数为 $H(k)=k\%13$，给定的关键字序列为 32，14，36，1，68，7，19，27，55，11，23，66。试画出用拉链法解决冲突时所构造的散列表(3 分)，并求出在等概率的情况下，该方法的查找成功和查找不成功的平均查找长度(4 分)。

| 0 | |
|---|---|
| 1 | |
| 2 | |
| 3 | |
| 4 | |
| 5 | |
| 6 | |
| 7 | |
| 8 | |
| 9 | |
| 10 | |
| 11 | |
| 12 | |

2. (12 分)假设用于通信的电文由 8 个字符{A、B、C、D、E、F、G、H}组成，字符在电文中出现的频次分别为{1,3,6,16,11,10,20,5}。完成以下任务：

(1) 画出哈夫曼树(规定：左子树频次＜右子树频次)。(4 分)

(2) 给出各个字符的哈夫曼编码(编码规则为左 0，右 1)。(4 分)

(3) $k$ 叉哈夫曼问题：$k$ 叉哈夫曼树是一颗每个节点最多有 $k$ 棵子树的有序树。现将该电文构造一棵具有最小带权路径的 4 叉哈夫曼树，并试求该树的带权路径长度。(4 分)

3. (12 分)对于如右图所示的带权图 $G$，完成以下问题：

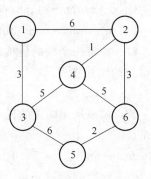

(1) 写出对应的邻接矩阵。(3分)

(2) 分别写出从1号节点开始深度和广度优先遍历结果。(4分)

(3) 画出该图的最小生成树。(2分)

(4) 按照 Dijkstra 算法顺序,给出从1点出发到各个结点的最短路径。(3分)

4. (7分) 已知序列{12,47,10,18,60,15,7,13,25,100},完成以下问题:

(1) 使用最少的调整次数将其调整为大根堆(画图),写出调整后的序列。(2分)

(2) 写出按大根堆进行堆排序的第一趟排序序列(画图和序列)。(2分)

(3) 写出堆排序的时间复杂度、空间复杂度、稳定性。(3分)

## 四、编程题。(17 分)

1. 下面类 MGraph<T>的成员函数 BFS 完成对图的广度优先遍历。请认真阅读程序并在空白处填写代码。(5分)

```
#define MAXSIZE 20
template class <T> classMGraph {
    public：
        MGraph( ifstream&fin);              //构造函数
        void BFS( int v);                   //从 v 出发广度优先遍历
private：
    T vertex[MAXSIZE];                      //顶点
    int arc[MAXSIZE][MAXSIZE];              //边(弧)
    visited[MAXSIZE];                       //顶点访问标记数组
    int vNum, arcNum;                       //顶点数、边数
};
template <class T>
voidMGraph<T>:. BFS( int v)                 //从顶点 v 出发完成图的广度优先遍历
{
    int queue[MAXSIZE], f, r ;              //定义队列 queue,f 为对头,r 为队尾
    _____;                               //设置空队列
    cout << vertex[v];
    visited[v] = 1;
    queue[ ++f] = v ;                       //v 入队(队列下标从 0 开始)
    while (_____)                        //队列不空
    {
        v = _____;                       //队头元素出队
        for( int j = 0; j < vNUM; j ++ )
        {
            if (_____)                   //判断是否存在 v 的未访问邻接点
            {
                cout << vertext[j];
                visited[j] = 1;
                _____;                   //未访问邻接点入队
```

```
            }
        }
    }
}
```

2. 下面的函数 Find 采用拉链法来实现对英文单词的查找。若找到,则返回存储地址;没找到,则返回 NULL。具体的存储结构如下图所示,请阅读程序并在空白处填写代码。(12 分)

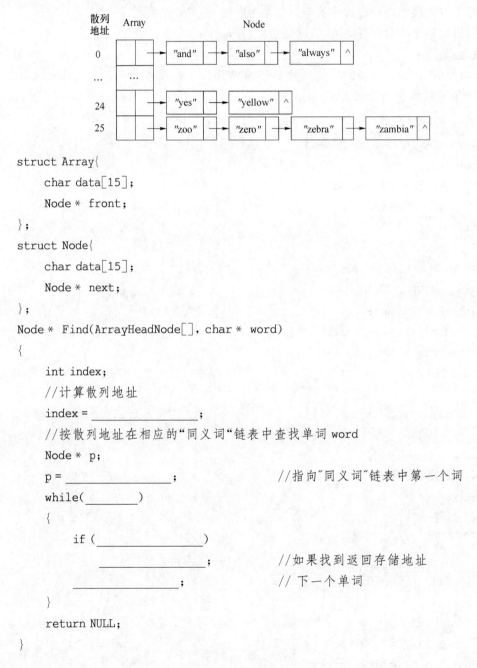

```
struct Array{
    char data[15];
    Node * front;
};
struct Node{
    char data[15];
    Node * next;
};
Node * Find(ArrayHeadNode[], char * word)
{
    int index;
    //计算散列地址
    index = _____;
    //按散列地址在相应的"同义词"链表中查找单词 word
    Node * p;
    p = _____;              //指向"同义词"链表中第一个词
    while(_____)
    {
        if (_____)
            _____;          //如果找到返回存储地址
            _____;          // 下一个单词
    }
    return NULL;
}
```

# 练习题答案

**第 1 章答案**

填空题。

（1）线型结构　树　图　顺序存储结构　链式存储结构

（2）时间　空间

（3）$n < 0$　$n+1$

（4）线型结构　树　图

（5）$O(\log_2 n)$

**第 2 章答案**

1. 填空题。

（1）$n-1$

（2）顺序存储结构　链式存储结构

（3）1　$(n-1)/2$　$n/2$

2. 选择题。

（1）D　　　（2）B　　　（3）A　　　（4）D

3. 简单题。

（1）$BE$　　　（2）$FGK$　　　（3）$JHCD$

4. 程序题。

```
p -> next! = NULL
s -> data < q -> data
s -> next = q
p -> next = s
p = p -> next
```

**第 3 章答案**

1. 填空题。

（1）（rear + 1）% 100　（front + 1）% 100　front = = rear　（rear + 1）% 100 = = front
40　60

（2）i－j＋2　1

（3）top1 = = － 1　top2 = = 100　top1 + 1 = = top2

（4）43　0

(5) s -> next = top　top = s

(6) (r + 1) % 100 == f　f == r　75

(7) 3　5　53

(8) i * n * p + j * p + k　k * m * n + j * m + i

(9) 1 102　1 882

2. 选择题。

(1) D　　(2) C　　(3) C　　(4) B　　(5) C

**第 4 章答案**

1. 填空题。

(1) $2^{i-1}$　$(n+1)/2$　$(n-1)/2$

(2) $2^h-1$　$2h-1$

(3) 12

(4) $2n$　$n-1$　$n+1$

(5) $n-1$　0

(6) $N-1$

(7) $2i+1$　$2i+2$　$\dfrac{i-1}{2}$

(8) $CBA$

2. 单选题。

(1) D A　(2) B　(3) B

3. 答案：设该树的总结点数为 $n=n_0+n_1+\cdots+n_m$
$$n=总分支数+1=0*n_0+1*n_1+2*n_2+\cdots+m*n_m+1$$

因此可得
$$n_0=n_2+2n_3+3n_4+\cdots+(m-1)n_m+1$$

4. 答案：

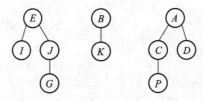

5. 答案：

权值个数为 11，若 4 叉树每个分支结点的度都为 4，则设计算该树的叶子结点 $n_0$，分支结点数 $n_4$，则 $n_0+n_4=4*n_4+1$　$n_0=3*n_4+1$。本题中 $n_0=11$ 不符合该公式，因此需要补充 2 个 0 权值的结点，此时 $n_4=4$，$n_0=13$。

按照哈夫曼树的构造方法，则该树构造过程如下。

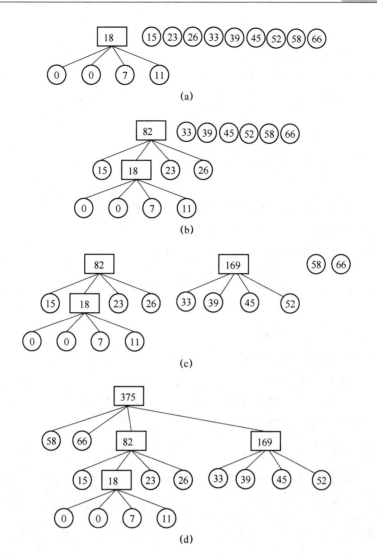

(a)

(b)

(c)

(d)

此树的带权路径长度 WPL＝375＋82＋169＋18＝644。

6. 答案：

（1）参考二叉链表结构的二叉树前序遍历算法递归实现该算法：

```
template<class T>
BiNode<T>* BiTree<T>::FindParent(BiNode<T>* R, BiNode<T>* s)
{
    if(R! = NULL)
    {
        if(R->lch && R->lch->data == s->data)
            return R;
        else if(R->rch && R->rch->data == s->data)
            return R;
        else
        {
```

```
        BiNode<T>* t=FindParent(R->lch);
        if(t==NULL)
            t=FindParent(R->rch);
        return t;
    }
}
return NULL;
}
```

(2) 参考二叉链表结构的二叉树前序算法递归实现该算法：

```
template<class T>
void BiTree<T>::Exchange(BiNode<T>* R)
{
    if(R!=NULL)
    {
        BiNode<T>* t=R->lch;          //左右子树交换
        R->lch=R->rch;
        R->rch=t;
        Exchange(R->lch);             //左子树递归
        Exchange(R->rch);             //右子树递归
    }
}
```

**第5章答案**

1. 填空题。

(1) 其自身

(2) 相等

(3) $e\log_2 e$

(4) $2e$

(5) $A[i][j]=A[j][i]=1$

(6) 可以随机访问到任一个顶点的简单链表

2. 选择题。

(1) D　(2) C　(3) C D　(4) C　(5) D

3. 答案:邻接矩阵如下:

$$\begin{bmatrix} 0 & 1 & 0 & 1 & 0 & 1 \\ 1 & 0 & 1 & 1 & 1 & 0 \\ 0 & 1 & 0 & 0 & 1 & 0 \\ 1 & 1 & 0 & 0 & 1 & 1 \\ 0 & 1 & 1 & 1 & 0 & 0 \\ 1 & 0 & 0 & 1 & 0 & 0 \end{bmatrix}$$

邻接表如下:

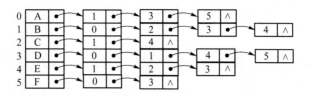

深度优先遍历：$ABCEDF$

广度优先遍历：$ABDFCE$

4. 答案：

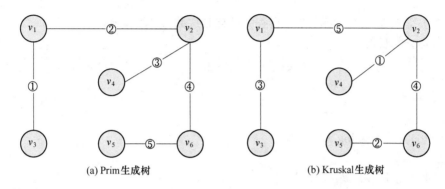

| (a) Prim 生成树 | (b) Kruskal 生成树 |

5. 答案：

| 终点 | $i=1$ | $i=2$ | $i=3$ | $i=4$ |
|---|---|---|---|---|
| $V_1$ | $13(V_2V_1)$ | $13(V_2V_1)$ | $12(V_2V_5V_4V_1)$ | $\mathbf{12(V_2V_5V_4V_1)}$ |
| $V_3$ | $15(V_2V_3)$ | $11(V_2V_5V_3)$ | $\mathbf{11(V_2V_5V_3)}$ | |
| $V_4$ | $\infty$ | $\mathbf{8(V_2V_5V_4)}$ | | |
| $V_5$ | $\mathbf{5(V_2V_5)}$ | | | |
| $V_j$ | $V_5$ | $V_4$ | $V_3$ | $V_1$ |
| $S$ | $V_2V_5$ | $V_2V_5V_4$ | $V_2V_5V_4V_3$ | $V_2V_5V_4V_3V_1$ |

从 $V_2$ 出发的最短路径如下：

$V_2 \sim V_1 : 2-5-4-1$

$V_2 \sim V_3 : 2-5-3$

$V_2 \sim V_4 : 2-5-4$

$V_2 \sim V_5 : 2-5$

**第 6 章答案**

1. 填空题。

(1) 7

(2) $(5,16,71,23,72,94,73)$

(3) $n(n-1)/2$

(4) 8/3

2. 单选题。

(1) A      (2) C      (3) B      (4) C      (5) A

3. 答案：

二叉排序树的构造过程如下：

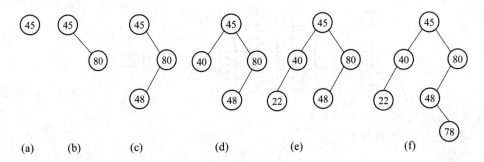

(a)　　　(b)　　　(c)　　　　(d)　　　　(e)　　　　(f)

4. 答案：

(1) 对关键字 35、20、33 和 48 进行查找的比较次数为 3、2、1、1；

(2) 平均查找长度

$$ASL = \frac{3+2+1+1+2}{5} = \frac{9}{5}$$

**第 7 章答案**

1. 填空题。

(1) $O(\log_2 n)$　　$O(n\log_2 n)$

(2) $n/2$

(3) 若是小根堆：$k_i \leqslant k_{2i} \ \&\& \ k_i \leqslant k_{2i+1}$

若是大根堆：$k_i \geqslant k_{2i} \ \&\& \ k_i \geqslant k_{2i+1}$

(4) 4　10

(5) (10,13,27,76,65,97,38)

2. 单选题。

(1) C　　(2) A　　(3) B　　(4) B　　(5) A　　(6) A

3. 答案：

| 划分次序 | 划分结果 | | | | | | | |
| --- | --- | --- | --- | --- | --- | --- | --- | --- |
| 第一次 | [38 | 24 | 40] | 46 | [56 | 80 | 95 | 79] |
| 第二次 | 24 | [38 | 40] | 46 | [56 | 80 | 95 | 79] |
| 第三次 | 24 | 38 | 40 | 46 | [56 | 80 | 95 | 79] |
| 第四次 | 24 | 38 | 40 | 46 | 56 | [80 | 95 | 79] |
| 第五次 | 24 | 38 | 40 | 46 | 56 | 79 | [80 | 95] |
| 第六次 | 24 | 38 | 40 | 46 | 56 | 79 | 80 | 95 |

4. 小根堆建立过程如下：

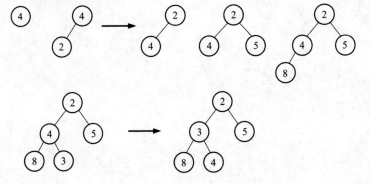

# 综合试卷一答案

**一、填空题。(共 25 分,每空 1 分,第 11 小题 2 分)**

1. 集合　线性结构　树　图　顺序存储结构　链式存储结构

2. $n^{1/3}$

3. 151

4. 44　0　43　7　244

5. $q->next = p->next$

   $p->next = q$

6. 108

7. 0　99　49.5

8. $O(1)$

9. 6　3

10. $O(\log_2 n)$。

11. $FEGKJIHDCBA$

**二、选择题。(13 分,每空 1 分)**

1. C　2. A　3. C　4. A　5. B　6. D　7. B　8. B　9. D　10. C

11. B　12. A　13. D

**三、简答题。(31 分)**

1. (3分)假定数组按列优先存储,起始位置为 start,第二维的长度为 $N$,那么第 $(i,j)$ 个元素的存储位置为

$$\text{Loc}(a(i,j)) = \text{start} + j \times N + i$$

将题中数据代入上式后有

$$676 = 644 + 2 \times N + 2$$

于是有 $N=15$。从而可以知道 $a(3,3)$ 的地址为

$$644 + 3 \times 15 + 3 = 692$$

2. (3分)设该树中叶子结点个数为 $N_0$,则该树结点个数为

$$N_0 + N_1 + \cdots + N_m = \sum_{i=0}^{m} N_i$$

又,该树结点个数还可以表示为 $1 + \sum_{i=1}^{m} i * N_i$,所以,

159

$$N_0 + \sum_{i=0}^{m} N_i = 1 + \sum_{i=1}^{m} i * N_i$$

$$N_0 = 1 + \sum_{i=1}^{m} (i-1) * N_i$$

3. (4 分) 所求树如下图所示。

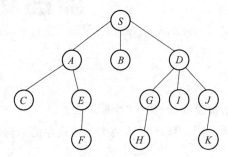

4. (8 分)

(1) 34　56　13　76　32　22　43　33　12　34　1　98

(2) 33　12　22　1　56　32　34　13　76　34　98　43

(3) 34　56　12　98　32　76　22　43　12　33　1　34

(4) 1　34　34　13　12　32　22　43　33　56　76　98

5. (7 分)

(1) 简答题 5 所求的二叉排序树如下图所示。(2 分)

ASL＝3(2 分)

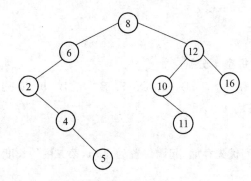

(2) 不是(1 分)

调整后的序列为 2 4 5 6 12 10 8 16 11(2 分)

6. (6 分)

(1) 散列表长度为:12/0.667＝18

散列表存储映像如下表所示。(4 分)

| 0 | 1 | 2 | 3 | 4 | 5 | 6 | 7 | 8 | 9 | 10 | 11 | 12 | 13 | 14 | 15 | 16 | 17 |
|---|---|---|---|---|---|---|---|---|---|---|---|---|---|---|---|---|---|
|  | Apr | Aug | Sep | Dec |  | Feb |  |  |  | Jan | Jun | Jul | Mar | May | Oct | Nov |  |

(2) ASL＝(6 * 1＋4 * 2＋2 * 3)/12 ＝1.67 (2 分)

## 四、综合题。(22分)

1. (10分)

(1) 5 2 1 3 4 6 7 8 (3分)

(2) 5 2 4 6 1 3 7 8 (3分)

(3) 无向网的最小生成树如下图所示。(4分)

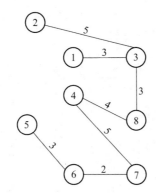

2. (12分)(1) 三叉哈夫曼树如下图所示。(4分)

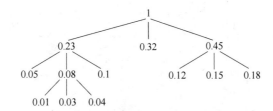

(2) C1：010

C2：20

C3：1

C4：00

C5：21

C6：22

C7：011

C8：012

C9：02(5分)

(3) WPL＝0.01＊3＋0.03＊3＋0.04＊3＋0.05＊2＋0.1＊2＋0.12＊2＋0.15＊2＋

0.18＊2＋0.32＊1

＝1.76(3分)

## 五、编程题。(9分)

1. (5分)

```
p = s;

p－>next－>next ! = s

q = p－>next;
```

```
T x = q -> data;
delete q;
```

2. （4 分）

```
R! = NULL
i == k
PreOrder (R -> lch,k)
PreOrder (R -> rch,k)
```

数据结构与算法学习指导

# 综合试卷二答案

一、填空题。（共 21 分，每空 1 分）

1. 逻辑结构　存储结构　弃法　线性结构　树结构　图结构
2. $O(m*n)$
3. bceda
4. 13　9
5. 3
6. 9　10　45　90
7. 7　7　100
8. 30
9. 1
10. top1＋1＝＝top2

二、选择题。（13 分，每空 1 分）

1. B  2. A  3. B  4. C  5. B  6. D  7. B  8. D  9. B  10. B
11. B  12. B  13. C

三、简答题。（26 分）

1. （1）简答题 1 所求二叉树如下图所示。（3 分）

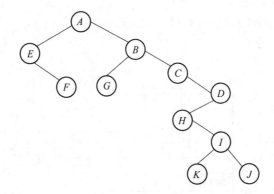

（2）后序遍历结果：FEGKJIHDCBA（2 分）

（3）4 棵树，如下图所示。（2 分）

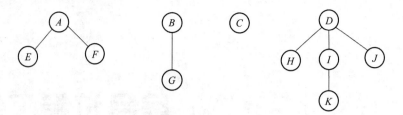

2．（1）插入完成后的二叉排序树如下图所示。

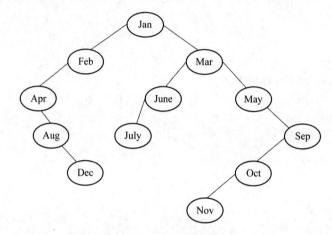

（2）在等概率的情况下查找成功的平均查找长度：

$$\text{ASL}_{\text{SUCC}}=\frac{1\times1+2\times2+3\times3+4\times3+5\times2+6\times1}{12}=\frac{42}{12}$$

3．（10分）(1) $A$、$B$、$D$、$C$、$E$、$F$、$I$、$J$、$G$、$H$

（2）$B$、$F$、$G$、$E$、$A$、$I$、$D$、$C$、$H$、$J$

（3）$C$、$B$、$D$、$A$、$E$、$F$、$I$、$G$、$J$、$H$

（4）$B$、$F$、$G$、$J$、$A$、$E$、$D$、$I$、$C$、$H$

（5）$A$、$B$、$F$、$C$、$E$、$J$、$I$、$D$、$G$、$H$

4．（1）存储结果如右图所示。（3分）

（2）$\text{ASL}=(8*1+3*2)/11=14/11$ （2分）

5．如下图所示。（6分）

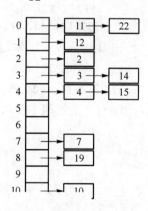

原矩阵：

$$\begin{vmatrix} 0 & 2 & 0 & 0 \\ 5 & 0 & 3 & 0 \\ 0 & 0 & -1 & 0 \\ 0 & 0 & 0 & 4 \end{vmatrix}$$

| row | col | item |
|-----|-----|------|
| 0 | 1 | 2 |
| 1 | 0 | 5 |
| 1 | 2 | 3 |
| 2 | 2 | -1 |
| 3 | 3 | 4 |
| 矩阵行数： | | 4 |
| 矩阵列数： | | 4 |
| 非零元个数： | | 5 |

| col | 0 | 1 | 2 | 3 |
|-----|---|---|---|---|
| number[col] | 1 | 1 | 2 | 1 |
| position[col] | 0 | 1 | 2 | 4 |

## 四、综合题。（20分）

1．（1）极大连通子图如下图所示。

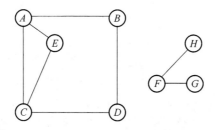

（2）生成的森林如下图所示。（答案不唯一，以下是一种答案）

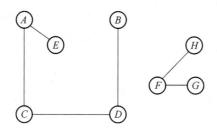

（3）*ABDCEFGH*

（4）*ABCEDFGH*

2．（1）所求哈夫曼树如下图所示。（4 分）

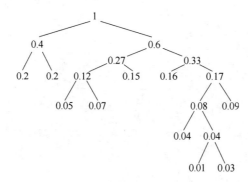

（2）$C_1$ : 011010 （5 分）

$C_2$ : 1111

$C_3$ : 00

$C_4$ : 1000

$C_5$ : 101

$C_6$ : 01

$C_7$ : 110

$C_8$ : 111011

$C_9$ : 11100

$C_{10}$ : 1001

（3）WPL $= 0.01 * 6 + 0.03 * 6 + 0.04 * 5 + 0.05 * 4 + 0.07 * 4 + 0.09 * 4 +$

$0.15 * 3 + 0.16 * 3 + 0.2 * 2 + 0.2 * 2$

$= 3.01$（3 分）

**五、编程题。(13 分)**

1. (9 分)

(1) P -> next! = R

    P -> next = R -> next

    delete R;

    R = P

(2) S -> next = P -> next

    P -> next = S;

(3) Q -> next! = p

    Q = Q -> next;

    Q -> next = p -> next;

2. (4 分) b = = NULL

       t -> data = b -> data

       Copy(t -> lch, b -> lch)

       Copy(t -> rch, b -> rch)

# 综合试卷三答案

一、填空题。(共 28 分,1~13 小题每空 1 分,14、15 小题每空 2 分)

1. 线性表　树　图

2. 顺序存储结构　链式存储结构

3. $O(\log_2 n)$

4. s -> lnext = top; top = s;

5. (r + 1) % 100 = = f　f = = r　75

6. 2 * i　2 * i + 1

7. $n_1 - 1$　$n_2 + n_3$

8. p -> lchild = = NULL && p -> rchild = = NULL

9. 31

10. 1

11. 散列查找

12. 中序遍历

13. 3

14. 1102　1882

15. 10,1,4,3,6,12,18,9,15,8　3,1,4,8,6,12,10,9,15,18

二、单选题。(共 18 分,每空 1 分)

1. D　2. A　3. D　4. C　5. C

6. D　7. C　8. A　9. D　10. A

11. B　12. C　13. D　14. C　15. B

16. A　17. A　18. C

三、综合题。(共 43 分)

1.(1) 所求二叉排序树如下图所示。(3 分)

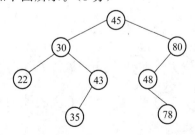

（2）删除结点 45 后的二叉排序树如下图所示。（2 分）

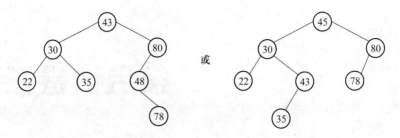

或

2.（1）根据邻接矩阵画出的带权无向图 G 如下图所示。（2 分）

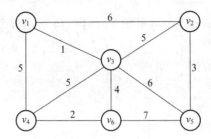

该图的最小生成树如下图所示。（2 分）

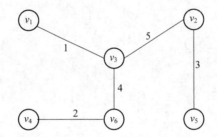

（2）深度优先：1—2—3—4—6—5

广度优先：1—2—3—4—5—6

3.（1）$\underline{A} \underline{B} \underline{D} F K I C E H J G$

$D \underline{B} K F I A \underline{H} E J C G$

$\underline{D} K I F B H J \underline{E} G \underline{C} A$ （3 分）

（2）所求二叉树及森林如下图所示。（6 分）

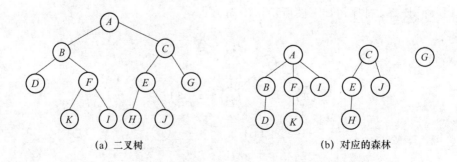

(a) 二叉树　　　　　　　　　　(b) 对应的森林

4. （1）所求哈夫曼树如下图所示。（3分）

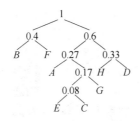

（2）WPL＝2.85。（2分）

（3）最长有5位,字符是$E,C$。最短有2位,字符是$B,F$。（4分）

5. （1）画出存储结果如下图所示。（4分）

| 0 | 1 | 2 | 3 | 4 | 5 | 6 | 7 | 8 | 9 | 10 | 11 | 12 |
|---|---|---|---|---|---|---|---|---|---|----|----|----|
|   | 14 | 27 | 68 | 55 | 84 | 19 | 20 |   | 18 | 23 | 10 | 11 |

（2）ASL＝20/11。（2分）

6. （1）堆:5, 23, 16, 58, 94, 72, 61, 87 （2分）

  （2）第一趟:16, 23, 61, 58, 94, 72, 87, 5 （2分）

    第二趟:23, 58, 61, 87, 94, 72, 16, 5 （2分）

**四、程序题。（11分,每空1分）**

（1）p! = NULL

  q == NULL || q->data >= s->data

  s->next = p->next;    or  s->next = q;

  p->next = s;

  p = p->next;

（2）R == NULL

  return i + 1;

  int n = Level(R->lch,key,i + 1);

  n = Level(R->rch,key,i + 1);

  4

  3

# 综合试卷四答案

**一、填空题。(22分,每空1分)**

1. $O(1)$    $O(n\log n)$

2. 集合   线性表   树结构    图结构

3. 33

4. 23   100C

5. 中序

6. 2*n−1

7. i*n*p＋j*p＋k    i+j*m+k*m*n

8. 43

9. 前序   栈   层序   队列

10. 0   $n*(n-1)/2$   0   $n*(n-1)$

**二、单选题。(23分,每空1分)**

1. B A A C   2. A C   3. C   4. D   5. D   6. B   7. C   8. C   9. A   10. C

11. A   12. B   13. C   14. D   15. D B E A C

**三、综合题。(32分)**

1. 二叉排序树的结点值如下图所示。(3分)

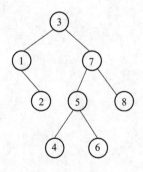

2. (1) 100 60 15 25 13 11 7 18 18 12   (3分)

(2) 60 25 15 18 13 11 7 12 18 100   (3分)

3. (1) 存储结果如下图所示。(4分)

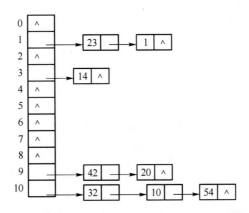

（2）ASL＝(1＋1＋1＋1＋2＋2＋2 ＋3) /8＝1.625　（2分）

4.（1）综合题4所求哈夫曼树如下图所示。(4分)

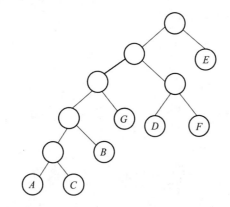

（2）WPL＝2.29。（2分）

（3）最长5位,字符是AC。（2分）

最短1位,字符是E。（2分）

5.（1）深度遍历:1 2 4 3 5 6　（2分）

广度遍历:1 2 3 4 6 5　（2分）

（2）最小生成树如下图所示。（3分）

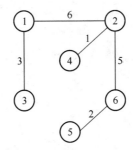

**四、程序题。(23分)**

1.（1）将十进制整数转换成二进制数(2分)

　　（2）1001101(2分)

2.（7分）

r[0] = r[i]

low < = high

high = m − 1

low = m + 1

i

low + 1

r[low] = r[0]

3.（12 分）

i > 1　　or　　i! = 1　　or　　i! = k1

break　　or　　return

k[i] = k[j]

k[j] = temp

i = j；

50 42 45 40 32 18 22 30 36

# 综合试卷五答案

**一、填空题。（共 17 分，每空 1 分）**

1. 集合　线性结构　树　图　顺序存储结构　链式存储结构
2. $n-1$　$n*(n-1)/2$　$n*(n-1)$
3. 1
4. $O(1)$
5. 6　3　1.6
6. 时间　空间
7. 104CH

**二、选择题。（共 13 分，每题 1 分）**

1. A　2. B　3. D　4. D　5. B　6. C　7. D　8. C　9. B　10. D
11. A　12. D　13. C

**三、简答题。（共 22 分）**

1. 已知邻接表对应的有向图 G 如下图所示。（4 分）

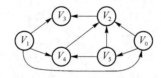

深度遍历 $V_0 V_2 V_3 V_5 V_4 V_1$（3 分）

广度遍历 $V_0 V_2 V_5 V_3 V_4 V_1$（3 分）

2. (4 分)所求稀疏矩阵如下图所示。

$$\begin{pmatrix} 0 & 12 & 9 & 0 & 0 & 0 & 0 \\ 0 & 0 & 0 & 0 & 5 & 0 & 0 \\ -3 & 0 & 0 & 0 & 0 & 14 & 0 \\ 0 & 0 & 13 & 0 & 0 & 0 & 0 \\ 0 & 18 & 0 & 0 & 0 & 0 & 0 \\ 15 & 0 & 0 & 0 & 0 & 0 & 0 \end{pmatrix}$$

3. (9 分)BF　　DGK　　JHEC

**四、综合题。（共 34 分）**

1. 先序 $ABCDEFGHIKJ$（2 分）

　中序 $BCEDAGFKIJH$（2 分）

　后序 $EDCBGKJIHFA$（2 分）

二叉树转化成的森林如下图所示。（4 分）

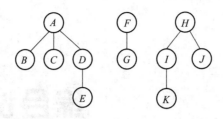

2. (1) 哈夫曼树如下图所示。(5分)

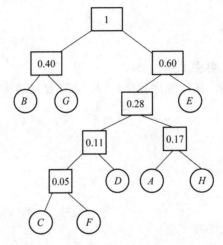

WPL = (0.19+0.21+0.32) * 2+(0.06+0.07+0.10) * 4+(0.02+0.03) * 5
= 2.61(3分)

(2) 最长编码 5 位,对应 C F(2分)

最短编码 2 位,对应 B G E(2分)

(3) 64/28 = 2.29(2分)

3. (1) 不是小根堆。(1分)

(2) 建堆  19 31 26 32 49 55 108 58 46 95 66(4分)

(3) 一趟堆排序 26 31 55 32 49 66 108 58 46 95 19(5分)

**五、编程填空题。(共 14 分,每空 2 分)**

1. i = 2

   list[i]

   list[j + 1] = list[j]

   list[j + 1] = list[0]

2. j = k

   list[i] > list[j]

   list[j] = list[0]

# 综合试卷六答案

## 一、填空题。（共 27 分，每空 1 分）

1. 顺序存储结构 链式存储结构

2. $O(n2)$

3. 1934H

4. 45

5. $s->next=p$ 或者 $s->next=q->next$　$q->next=s$

6. 17

7. $CDBFEA$

8. 随机 $O(1)$　$O(n)$

9. 先进后出 顶 先进先出 尾 头

10. 904

11. $3i-1$ $\left\lfloor\dfrac{i+1}{3}\right\rfloor$ $3i+(m-2)$ $n_0=2n_3+1$

12. 50% 33% 100%

13. $n(n-1)/2$　$n(n-1)$

## 二、选择题。（17 分，第 9 题 2 分，其他每空 1 分）

1. C　2. B　3. D　4. A　5. B　6. C　7. A　8. C　9. D　10. D

11. B　12. A　13. B　14. D　15. A　16. D　17. C

## 三、简答题。（38 分）

1.

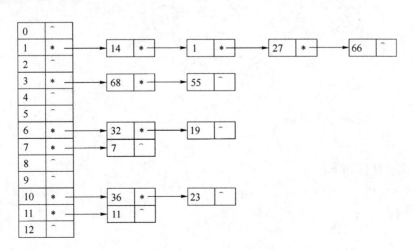

查找成功：ASL＝21/12＝1.75

查找不成功：ASL＝(4＋2＋2＋1＋2＋1)/13＝0.92

2.（1）如图所示：

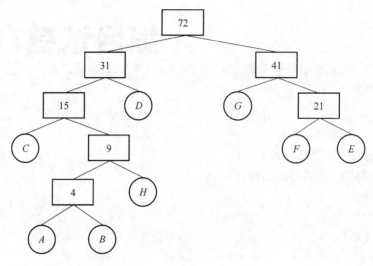

（2）各个字符的哈夫曼编码为：

A：00100

B：00101

C：000

D：01

E：111

F：110

G：10

H：0011

（3）对应四叉树如下,带权路径长度为(11＋16＋20＋25＋4＋5＋6＋10＋1＋3)＝ 101。

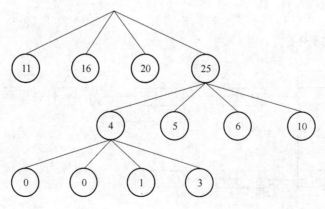

3.（1）邻接矩阵如下：

$$\begin{bmatrix} 0 & 6 & 3 & \infty & \infty & \infty \\ 6 & 0 & \infty & 1 & \infty & 3 \\ 3 & \infty & 0 & 6 & 6 & \infty \\ \infty & 1 & 6 & 0 & \infty & 5 \\ \infty & \infty & 6 & \infty & 0 & 2 \\ \infty & 3 & \infty & 5 & 2 & 0 \end{bmatrix}$$

（2）深度优先遍历：1 2 4 3 5 6

广度优先遍历：1 2 3 4 6 5

（3）最小生成树如下：

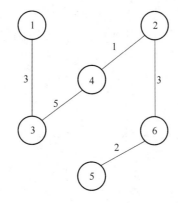

（4）最短路径为

1-3

1-2

1-2-4

1-3-5

1-2-6

4.（1）如下图所示,对应序列为{100,60,15,25,47,10,7,13,18,12}

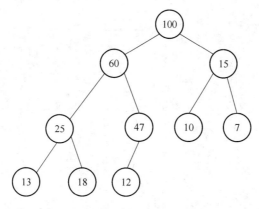

（2）如下图所示,对应序列为{60,47,15,25,12,10,7,13,18,100}。

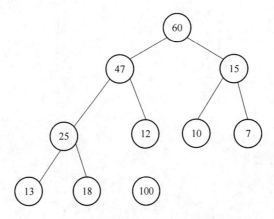

（3）时间复杂度 $O(n\log n)$，空间复杂度 $O(1)$，稳定性：不稳定。

**四、编程题。(17分)**

1. f = r = - 1

f! = r

queue[ + + f]

arc[v][j] = = 1&&visited[j] = + + = 0

queue[ + + r] = j

2. 答案：

word[0] - ´a´

HeadNode[index]. front

p! = NULL

strcmp(p - > data, word) = = 0

returnp

p = p - > next

## 第2篇

# 实验指导

实验分为基础实验、应用实验和扩展实验三类。

（1）基础实验：主要验证教材中提到的基础类，深化理解和掌握理论知识。

（2）应用实验：主要目标是应用教材中教授的某一个知识点，自己设计方案解决实际的问题，培养学生简单的应用能力。

（3）扩展实验：该类实验逻辑结构较为复杂，需要将多个知识点融会贯通，设计较为复杂的方案，以解决实际的问题并具备扩展到数据结构课程设计的功能。该类实验代码实现量较大，一般可两人合作完成。

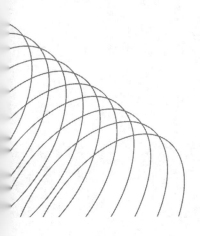

# 第1部分 实验题目

## 1.1 实验一 线性表

### 1. 实验目的

通过选择下面四个题目之一进行实现,掌握如下内容:

- 熟悉 C++语言的基本编程方法,掌握集成编译环境的调试方法;
- 学习指针、模板类、异常处理的使用;
- 掌握线性表的操作的实现方法;
- 学习使用线性表解决实际问题的能力。

### 2. 实验内容

(1) 题目1——基础实验

根据线性表的抽象数据类型的定义,选择下面任意一种链式结构实现线性表,并完成线性表的基本功能。

线性表存储结构(五选一):

① 带头结点的单链表;

② 不带头结点的单链表;

③ 循环链表;

④ 双链表;

⑤ 静态链表。

线性表的基本功能:

① 构造(使用头插法、尾插法两种方法);

② 插入(要求建立的链表按照关键字从小到大有序);

③ 删除;

④ 查找;

⑤ 获取链表长度;

⑥ 销毁;

⑦ 其他(可自行定义)。

编写 main()函数测试线性表的正确性。

(2) 题目 2——基础实验

有序链表合并问题的求解。

设有两条有序链表(即 data 域元素的关键字由前往后不断增大),试设计算法将这两条链表合并为一条新的有序链表,原链表不变。两条链表中 data 域关键字相同的元素只选取一个存储到新的有序链表中,不同的元素都存储到新的有序链表中。

要求:

- 直接编写链表的友元函数完成该功能;
- 链表的 data 域可存储用户自定义类对象;
- 编写 main()函数测试线性表的正确性。

(3) 题目 3——应用实验

利用线性表实现一个通讯录管理,通讯录的数据格式如下:

```
struct DataType
    {
        int ID;                    //编号
        char name[10];             //姓名
        char ch;                   //性别
        char phone[13];            //电话
        char addr[31];             //地址
    };
```

要求:

- 实现通讯录的建立、增加、删除、修改、查询等功能;
- 能够实现简单的菜单交互,即可以根据用户输入的命令,选择不同的操作;
- 能够保存每次更新的数据(选做);
- 能够进行通讯录分类,比如班级类、好友类、黑名单等(选做);
- 编写 main()函数测试线性表的正确性。

(4) 题目 4——应用实验

利用线性表实现一个一元多项式 Polynomial

$$f(x) = a_0 + a_1x + a_2x^2 + a_3x^3 + \cdots + a_nx^n$$

提示:Polynomial 的结点结构如下。

```
struct term
        {
            float coef;    //系数
            int expn;      //指数
        };
```

可以使用链表实现,也可以使用顺序表实现。

要求:

- 能够实现一元多项式的输入和输出;
- 能够进行一元多项式相加;

- 能够进行一元多项式相减；
- 能够计算一元多项式在 $x$ 处的值；
- 能够计算一元多项式的导数(选做)；
- 能够进行一元多项式相乘(选做)；
- 编写 main()函数测试线性表的正确性。

(5) 题目 5——应用实验

用链表实现大整数加减法操作：

32 位机器直接操作的数据最大为 32 bit,若超过 32 bit,则需要单独设计算法。在这里可以用链表,每个结点存储大整数的每一位的十进制数字,则可以进行大整数的算数运算,该实验仅实现加减法操作。

要求：

① 随机产生 2 个 1～50 位的数字串,并存储到 2 个链表中；

② 进行加法或减法操作,结果存储到新的链表中；

③ 打印运算结果。

(6) 题目 6——应用实验

动态内存管理是操作系统的基本功能之一,用于响应用户程序对内存的申请和释放请求。初始化时,系统只有一块连续的空闲内存；然后,当不断有用户申请内存时,系统会根据某种策略选择一块合适的连续内存供用户程序使用；当用户程序释放内存时,系统将其回收,供以后重新分配,释放时需要计算该内存块的左右是否也为空闲块,若是,则需要合并变成更大的空闲块。

试设计用于模拟动态内存管理的内存池类。

要求：

- 实现内存池 MemoryPool(int size)的初始化；
- 实现 Allocate(int size)接口；
- 实现 Free(void * p)接口；
- 实现内存池的析构；
- 在分配内存空间时,可选择不同的内存分配策略,即最佳拟合策略、最差拟合策略或最先拟合策略,实现其中至少两种分配策略。

编写测试 main()函数对类中各个接口和各种分配策略进行测试,并实时显示内存池中的占用块和空闲块的变化情况。

## 3. 程序要求

(1) 注意异常处理的使用,比如删除空链表时需要抛出异常。

(2) 注意内存的动态申请和释放,是否存在内存泄漏。

(3) 优化程序的时间性能。

(4) 保持良好的编程的风格：

- 代码要简洁；
- 代码段与段之间要有空行和缩进；
- 标识符名称应该与其代表的意义一致；
- 函数名之前应该添加注释说明该函数的功能；
- 关键代码应说明其功能。

## 1.2 实验二 栈和队列

### 1. 实验目的

通过选择下面五个题目之一进行实现,掌握如下内容:

- 进一步掌握指针、模板类、异常处理的使用;
- 掌握栈的操作的实现方法;
- 掌握队列的操作的实现方法;
- 学习使用栈解决实际问题;
- 学习使用队列解决实际问题;
- 学习使用多维数组解决实际问题的能力。

### 2. 实验内容

(1) 题目 1——基础实验

根据栈和队列的抽象数据类型的定义,按要求实现一个栈或一个队列的基本功能(四选一)。

要求:

① 实现一个共享栈;

② 实现一个链栈;

③ 实现一个循环队列;

④ 实现一个链队列。

编写 main()函数测试栈或队列的正确性。

(2) 题目 2——基础实验

根据三元组的抽象数据类型的定义,使用三元组表实现一个稀疏矩阵。三元组的基本功能:

① 三元组的建立;

② 三元组转置;

③ 三元组相乘;

④ 其他(自定义操作)。

编写测试 main()函数测试三元组的正确性。

测试数据如图 2-1-1 所示。

$$\begin{pmatrix} 0 & 12 & 9 & 0 & 0 & 0 & 0 \\ 0 & 0 & 0 & 0 & 5 & 0 & 0 \\ -3 & 0 & 0 & 0 & 0 & 14 & 0 \\ 0 & 0 & 13 & 0 & 0 & 0 & 0 \\ 0 & 18 & 0 & 0 & 0 & 0 & 0 \\ 15 & 0 & 0 & 0 & 0 & 0 & 0 \end{pmatrix}$$

图 2-1-1 测试数据

（3）题目 3——应用实验

利用栈结构实现八皇后问题。

八皇后问题是 19 世纪著名的数学家高斯于 1850 年提出的。他的问题是：在 8×8 的棋盘上放置 8 个皇后，使其不能互相攻击，即任意两个皇后都不能处于同一行、同一列、同一斜线上。请设计算法打印所有可能的摆放方法。

提示：

① 可以使用递归或非递归两种方法实现；

② 实现一个关键算法——判断任意两个皇后是否在同一行、同一列和同一斜线上。

（4）题目 4——应用实验

利用栈结构实现迷宫求解问题。迷宫求解问题如下：

心理学家把一只老鼠从一个无顶盖的大盒子的入口赶进迷宫，迷宫中设置很多隔壁，对前进方向形成了多处障碍，心理学家在迷宫的唯一出口放置了一块奶酪，吸引老鼠在迷宫中寻找通路以到达出口，测试算法的迷宫如图 2-1-2 所示。

提示：

① 可以使用递归或非递归两种方法实现；

② 老鼠能够记住已经走过的路，不会反复走重复的路径；

③ 可以自己任意设置迷宫的大小和障碍；

④ 使用"穷举求解"的方法。

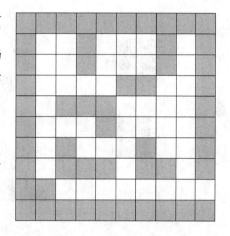

图 2-1-2　迷宫地图示例

（5）题目 5——应用实验

表达式求值是程序设计语言编译中最基本的问题，它要求把一个表达式翻译成能够直接求值的序列。例如，用户输入字符串"14＋（（13－2）＊2－11＊5）＊2"，程序可以自动计算得到最终的结果。在这里，我们将问题简化，假定算数表达式的值均为非负整数常数，不包含变量、小数和字符常量。

试设计一个算术四则运算表达式求值的简单计算器。

基本要求：

① 操作数均为非负整数常数，操作符仅为＋、－、＊、/、（和）；

② 编写 main() 函数进行测试。

（6）题目 6——应用实验

利用队列结构实现车厢重排问题。

车厢重排问题如下：

一列货车共有 $n$ 节车厢，每个车厢都有自己的编号，编号范围从 $1 \sim n$。给定任意次序的车厢，通过转轨站将车厢编号按顺序重新排成 $1 \sim n$。转轨站共有 $k$ 个缓冲轨，缓冲轨位于入轨和出轨之间。开始时，车厢从入轨进入缓冲轨，经过缓冲轨的重排后，按 $1 \sim n$ 的顺序进入出轨。缓冲轨按照先进先出方式，编写一个算法，将任意次序的车厢进行重排，输出每个缓冲轨中的车厢编号。

提示：

一列火车的每个车厢按顺序从入轨进入不同缓冲轨，缓冲轨重排后的进入出轨，重新编排成一列货车。例如,编号为 3 的车厢进入缓冲轨 1,则下一个编号小于 3 的车厢则必须进入下一个缓冲轨 2,而编号大于 3 的车厢则进入缓冲轨 1,排在 3 号车厢的后面,这样,出轨的时候才可以按照从小到大的顺序重新编排。

(7) 题目 7——基础实验

在仅有黑色像素和白色像素的图像中,将相邻的黑色像素构成的点集称为一个连通域。连通域标记算法把连通区域所有像素设定同一个标记,常见的标记算法有四邻域标记算法和八邻域标记算法。四邻域标记算法中,当前黑点与上、下、左、右任意相邻黑点属于同一连通域,图 2-1-3(a) 给出了四邻域连通域示意图。八邻域标记算法中,当前黑点与上、下、左、右及左上、左下、右上、右下任意相邻黑点属于同一连通域,图 2-1-3(b) 给出了八邻域连通域示意图。

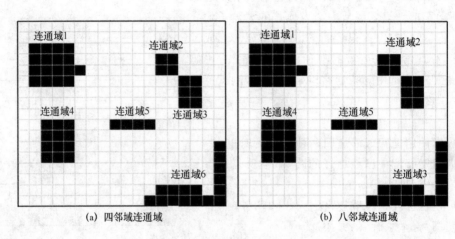

(a) 四邻域连通域        (b) 八邻域连通域

图 2-1-3　图像连通域示意图

试编写二值图像四邻域连通域标记算法,设图像采用 01 矩阵表示。要求:

① 算法尽可能优化。

② 输出每个像素点所属的连通域标记。

③ 编写测试 main() 函数测试三元组的正确性。

测试数据:

      1010101

      1010111

      1011001

      1001111

      1110001

      0010001

      1111111

(8) 题目 8——扩展实验

实现一个识别 bmp 文件的图像类,能够进行以下图像处理。

基本要求:

① 能够将 24 位真彩色 bmp 文件读入内存;

② 能够将 24 位真彩色 bmp 文件重新写入文件;

③ 能够将 24 位真彩色 bmp 文件进行 24 位灰度处理;

④ 能够将 24 位灰度 bmp 文件进行 8 位灰度处理；

⑤ 能够将 8 位灰度 bmp 文件转化成黑白图像；

⑥ 能够将图像进行平滑处理；

⑦ 其他(自定义操作,如翻转、亮度调节、对比度调节、24 位真彩色转 256 色等)。

提示：

① 参考教材《数据结构与算法》第 3.7 节。

② 灰度处理的转换公式：

$$Grey = 0.3 * Red + 0.59 * Blue + 0.11 * Green$$

③ 平滑处理采用邻域平均法进行,分成 4 邻域和 8 邻域平滑,基本原理就是将每一个像素点的值设置为其周围各点像素值的平均值。

④ 亮度调节公式($a$ 为亮度调节参数,$0 < a < 1$,越接近 $0$,变化越大)：

R = pow (R, a)  *  pow (255, 1 − a)

G = pow (G, a)  *  pow (255, 1 − a)

B = pow (B, a)  *  pow (255, 1 − a)

⑤ 对比度调节公式($a$ 为对比度调节参数,$-1 < a < 1$,中间值一般为 128)：

R = 中间值 + (R − 中间值) * (1 + a)

G = 中间值 + (G − 中间值) * (1 + a)

B = 中间值 + (B − 中间值) * (1 + a)

注意：调整对比度的时候容易发生越界,需要进行边界处理。

⑥ 24 位真彩色转 256 色,需要手动添加颜色表在 bmp 头结构中,可以使用位截断法、流行色算法、中位切分算法、八叉树算法等方法实现。

**3. 代码要求**

(1) 注意内存的动态申请和释放,是否存在内存泄漏。

(2) 优化程序的时间性能。

(3) 递归程序注意调用的过程,防止栈溢出。

(4) 保持良好的编程的风格：

• 代码要简洁；

• 代码段与段之间要有空行和缩进；

• 标识符名称应该与其代表的意义一致；

• 函数名之前应该添加注释说明该函数的功能；

• 关键代码应说明其功能。

# 1.3  实验三  树

**1. 实验目的**

通过选择下面三个题目之一进行实现,掌握如下内容：

• 掌握二叉树基本操作的实现方法；

- 了解哈夫曼树的思想和相关概念；
- 学习使用二叉树解决实际问题的能力。

**2. 实验内容**

（1）题目 1——基础实验

根据二叉树的抽象数据类型的定义，使用二叉链表实现一个二叉树。

二叉树的基本功能：

① 二叉树的建立；

② 前序遍历二叉树；

③ 中序遍历二叉树；

④ 后序遍历二叉树；

⑤ 按层序遍历二叉树；

⑥ 求二叉树的深度；

⑦ 求指定结点到根的路径；

⑧ 二叉树的销毁；

⑨ 其他（可自定义操作）。

编写 main()函数测试二叉树的正确性。

思考问题（选做）：

① 若数据量非常大，如何使得构造二叉树时栈不溢出？使用非递归方式编写新的二叉树的构造函数、建立二叉树。提示：可以使用 STL 中的 stack 来辅助实现。

② 若二叉树的每一个结点具有数值，如何搜索二叉树，找到指定值的叶子结点？

③ 若已知叶子结点的指针，如何输出从根到该叶子的路径。

（2）题目 2——应用实验

利用二叉树结构实现哈夫曼编/解码器。

基本要求：

① 初始化(Init)。能够对输入的任意长度的字符串 s 进行统计，统计每个字符的频度，并建立哈夫曼树。

② 建立编码表(CreateTable)。利用已经建好的哈夫曼树进行编码，并将每个字符的编码输出。

③ 编码(Encoding)。根据编码表对输入的字符串进行编码，并将编码后的字符串输出。

④ 译码(Decoding)。利用已经建好的哈夫曼树对编码后的字符串进行译码，并输出译码结果。

⑤ 打印(Print)。以直观的方式打印哈夫曼树（选做）。

⑥ 计算输入的字符串编码前和编码后的长度，并进行分析，讨论哈夫曼编码的压缩效果。

⑦ 可采用二进制编码方式（选做）。

测试数据：

I love data Structure，I love Computer。I will try my best to study data Structure.

提示：

① 用户界面可以设计为"菜单"方式，即能够进行交互。

② 根据输入的字符串中每个字符出现的次数统计频度，对没有出现的字符一律不用编码。

### 3. 代码要求

(1) 注意内存的动态申请和释放,是否存在内存泄漏。

(2) 优化程序的时间性能。

(3) 保持良好的编程的风格：

- 代码要简洁；
- 代码段与段之间要有空行和缩进；
- 标识符名称应该与其代表的意义一致；
- 函数名之前应该添加注释说明该函数的功能；
- 关键代码应说明其功能。

# 1.4　实验四　图

### 1. 实验目的

通过选择下面 5 个题目之一进行实现,掌握如下内容：

- 掌握图基本操作的实现方法；
- 了解最小生成树的思想和相关概念；
- 了解最短路径的思想和相关概念；
- 学习使用图解决实际问题的能力。

### 2. 实验内容

(1) 题目 1——基础实验

根据图的抽象数据类型的定义,使用邻接矩阵或邻接表实现一个图。

图的基本功能：

① 图的建立；

② 图的销毁；

③ 深度优先遍历图；

④ 广度优先遍历图；

⑤ 其他(比如连通性判断等自定义操作)。

编写 main() 函数测试图的正确性。

思考问题(选做)：

若测试数据量较大,如何使得栈不溢出？使用非递归方式编写新的深度优先遍历函数。

提示：可以使用 STL 中的 stack 来辅助实现。

(2) 题目 2——应用实验

根据图的抽象数据类型的定义,使用邻接矩阵实现图的下列算法(三选一)：

① 使用普里姆算法生成最小生成树；

② 使用克鲁斯卡尔算法生成最小生成树；

③ 求指定顶点到其他各顶点的最短路径。

编写 main() 函数测试算法的正确性。

思考问题(选做)：

最短路径 D 算法,是否可以优化? 请写出优化的思路并计算时间复杂度,同时实现一个新的优化的最短路径算法。

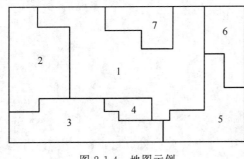

图 2-1-4　地图示例

（3）题目 3——应用实验

问题:对图 2-1-4 所示的地图进行染色,要求使用尽可能少的颜色进行染色,完成该算法。

提示:

利用图的着色思想解决该问题。图的着色方法指的是利用图的顶点存储地图上需要的染色的区域,利用图的边表示图上区域之间是否相邻的关系,比如区域 1 和区域 2 相邻,则图中顶点 1 和顶点 2 之间就画一条边,这是地图的储存。然后将相邻的顶点使用不同颜色进行着色,不相邻的顶点使用相同的颜色进行着色,即可完成该算法。

（4）题目 4——应用实验

问题:设某个田径运动会共有 7 个项目的比赛,分别为 100 m、200 m、跳高、跳远、铅球、铁饼和标枪。每个选手最多参加 3 个项目,现有 6 名选手参赛,他们选择的项目如表 2-1-1 所示。每个选手参加的各个项目不能同时进行,如何设计合理的比赛日程,使运动会在尽可能短的时间内完成?

表 2-1-1　参赛选手选择的项目

| 姓名 | 项目 1 | 项目 2 | 项目 3 |
|---|---|---|---|
| 张凯 | 跳高 | 跳远 | |
| 王刚 | 100 m | 200 m | 铁饼 |
| 李四 | 跳高 | 铅球 | |
| 张三 | 跳远 | 标枪 | |
| 王峰 | 铅球 | 标枪 | 铁饼 |
| 李杰 | 100 m | 跳远 | |

提示:

① 利用图的着色思想解决该问题;

② 可以使用 STL 相关内容辅助解决该问题。

（5）题目 5——扩展实验

问题:多叉路口交通灯的问题。假如一个如图 2-1-5 所示的五叉路口,其中 C、E 是箭头所示的单行道,如何设置路口的交通灯,使得车辆之间既不相互碰撞,又使交通流量最大?

提示:

① 13 种行驶路线　AB、AC、AD、BA、BC、BD、DA、DB、DC、EA、EB、EC、ED,不能同时行驶的路线,比如 AB、BC 等,借助图的顶点表示行驶路线,图中的边表示不能同时行驶的路线,则可以画出如

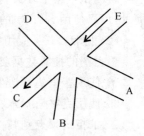

图 2-1-5　五叉路口

图 2-1-6 所示的逻辑示意图。

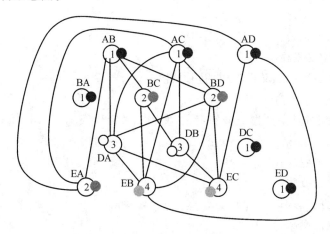

图 2-1-6　五叉路口建模

② 使用图的着色问题求解方法,使用最少的颜色进行着色,则是最优结果。

**3．代码要求**

(1) 注意内存的动态申请和释放,是否存在内存泄漏。

(2) 优化程序的时间性能。

(3) 保持良好的编程的风格:

· 代码要简洁;

· 代码段与段之间要有空行和缩进;

· 标识符名称应该与其代表的意义一致;

· 函数名之前应该添加注释说明该函数的功能;

· 关键代码应说明其功能。

# 1.5　实验五　查　　找

**1．实验目的**

通过选择下面三个题目之一进行实现,掌握如下内容:

· 掌握树表查找的相关操作和技术优缺点;

· 学习使用树表解决实际查找问题的能力;

· 学习掌握使用散列技术解决实际问题的能力;

· 举一反三,提升扩展现有查找技术优化解决方法。

**2．实验内容**

(1) 题目 1——基础实验

根据二叉排序树的抽象数据类型的定义,使用二叉链表实现一个二叉排序树。

二叉排序树的基本功能:

① 二叉排序树的建立;

② 二叉排序树的查找;

③ 二叉排序树的插入；

④ 二叉排序树的删除；

⑤ 二叉排序树的销毁；

⑥ 其他(可自定义操作)。

编写 main()函数测试二叉排序树的正确性。

(2) 题目 2——扩展实验

根据平衡二叉树的抽象数据类型的定义，使用二叉链表实现一个平衡二叉树。

二叉树的基本功能：

① 平衡二叉树的建立；

② 平衡二叉树的查找；

③ 平衡二叉树的插入；

④ 平衡二叉树的删除；

⑤ 平衡二叉树的销毁；

⑥ 其他(可自定义操作)。

编写 main()函数测试平衡二叉树的正确性。

(3) 题目 3——扩展实验

题目：中文分词。

在对中文文本进行信息处理时，常常需要应用中文分词(Chinese Word Segmentation)技术。所谓中文分词，是指将一个汉字序列切分成一个一个单独的词。中文分词是自然语言处理、文本挖掘等研究领域的基础。对于输入的一段中文，成功地进行中文分词，使计算机确认哪些是词，哪些不是词，便可将中文文本转换为由词构成的向量，从而进一步抽取特征，实现文本自动分析处理。

中文分词有多种方法，其中基于字符串匹配的分词方法是最简单的。它按照一定的策略将待分析的汉字串与一个"充分大的"中文词典中的词条进行匹配，若在词典中找到某个字符串，则匹配成功(识别出一个词)。按照扫描方向的不同，串匹配方法可以是正向匹配或逆向匹配；按照不同长度优先匹配的情况，可以分为最大(最长)匹配和最小(最短)匹配；按照是否与词性标注过程相结合，又可以分为单纯分词方法和分词与标注相结合的一体化方法。以上无论哪种方法，判断一个汉字串是否是词典中的词都是必须的，如何实现其快速匹配呢？

本题目要求采用散列技术实现基于字典的中文分词。学习设计合理的 Hash 函数构建 Hash 表是完成题目要求的关键，编写测试 main()函数测试算法的正确性。

提示：

① 在网上查找并获取一个最小词典；

② 了解汉字编码 GB 2312 技术。

**3. 代码要求**

(1) 注意内存的动态申请和释放，是否存在内存泄漏。

(2) 优化程序的时间性能。

(3) 保持良好的编程的风格：

• 代码段与段之间要有空行和缩进；

• 标识符名称应该与其代表的意义一致；

• 函数名之前应该添加注释说明该函数的功能；

• 关键代码应说明其功能。

# 1.6　实验六　排序

## 1. 实验目的

通过选择下面五个题目之一进行实现,掌握如下内容:

• 掌握各种排序算法的实现方法和算法优劣;
• 学习使用排序算法解决实际问题的能力;
• 举一反三,提升扩展现有排序技术优化解决方法。

## 2. 实验内容

(1) 题目1——基础实验

使用简单数组实现下面各种排序算法,并进行比较。

排序算法:

① 插入排序;

② 希尔排序;

③ 冒泡排序;

④ 快速排序;

⑤ 简单选择排序;

⑥ 堆排序(选做);

⑦ 归并排序(选做);

⑧ 基数排序(选做);

⑨ 其他。

要求:

① 测试数据分成三类:正序、逆序和随机数据。

② 对于这三类数据,比较上述排序算法中关键字的比较次数和移动次数(其中关键字交换计为3次移动)。

③ 对于这三类数据,比较上述排序算法中不同算法的执行时间,精确到微秒(选做)。

④ 对②和③的结果进行分析,验证上述各种算法的时间复杂度。

编写 main()函数测试排序算法的正确性。

(2) 题目2——应用实验

使用链表实现下面各种排序算法,并进行比较。

排序算法:

① 插入排序;

② 冒泡排序;

③ 快速排序;

④ 简单选择排序;

⑤ 其他。

要求:

① 测试数据分成三类：正序、逆序和随机数据。

② 对于这三类数据，比较上述排序算法中关键字的比较次数和移动次数（其中关键字交换计为 3 次移动）。

③ 对于这三类数据，比较上述排序算法中不同算法的执行时间，精确到微秒（选做）。

④ 对②和③的结果进行分析，验证上述各种算法的时间复杂度。

编写 main()函数测试排序算法的正确性。

（3）题目 3——应用实验

题目：基于散列技术的排序。

假设一个文件包含至多 1 亿条数据，如图 2-1-7 所示，每条数据都是一个 7 位的整数，每个整数至多出现一次，如何利用最小的内存和无限大的硬盘空间，利用基于散列表技术来实现快速排序？

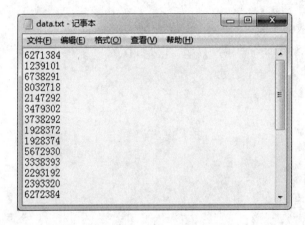

图 2-1-7　data.txt 文件格式

提示：

① 采用类似位图的方法；

② 可采用 STL 进行辅助实现。

（4）题目 4——扩展实验

机器调度问题：有 $m$ 台机器处理 $n$ 个作业，设作业 $i$ 的处理时间为 $t_i$，则对 $n$ 个作业进行机器分配，使得

① 一台机器在同一时间内只能处理一个作业；

② 一个作业不能同时在两台机器上处理；

③ 作业 $i$ 一旦运行，需要连续 $t_i$ 个时间单位。

设计算法进行合理调度，使得 $m$ 台机器上处理处理 $n$ 个作业所需要的总时间最短。

测试数据：7 个作业，所需时间分别为 $\{2,14,4,16,6,5,3\}$，有三台机器，编号为 $m_1,m_2$ 和 $m_3$。

其中一种可能的调度方案如图 2-1-8 所示。

时间分配：

$m_1$ 机器：16

$m_2$ 机器：$14+3=17$

$m_3$ 机器：$6+5+4+2=17$

图 2-1-8　调度方案示例

总的处理时间是 17。

（5）题目 5——扩展实验

题目：大数据排序问题。

大数据排序问题一般也称为外部排序问题，通常我们将整个排序过程中不涉及数据的内外存交换，待排序的记录可以全部存放在内存中的排序方法称为内部排序。但对于一个大型文件中的海量数据，显然是不可能将所有待排序数据一次装入有限的内存中，因此在排序过程中需要频繁地进行内外存交换，这种排序称为外部排序。

本题目假设一文件含 10 000 个记录，按照内存一次最多可装入 2 000 个记录作为约束，编写算法实现这 10 000 个记录的排序，并测试排序算法的正确性。

提示：10 000 条记录可以随机产生。

**3．代码要求**

（1）注意内存的动态申请和释放，是否存在内存泄漏。

（2）优化程序的时间性能。

（3）保持良好的编程的风格：

- 代码段与段之间要有空行和缩进；
- 标识符名称应该与其代表的意义一致；
- 函数名之前应该添加注释说明该函数的功能；
- 关键代码应说明其功能。

# 第2部分 实验讲解

## 2.1 有序链表合并问题的求解

**实验一——题目2：**

设有两条有序链表（即 data 域元素的关键字由前往后不断增大），试设计算法，将这两条链表合并为一条新的有序链表，原链表不变。两条链表中 data 域关键字相同的元素只选取一个存储到新的有序链表中，不同的元素都存储到新的有序链表中。

要求：

- 直接编写链表的友元函数完成该功能。
- 试将链表的 data 域存储用户自定义类对象。
- 编写测试 main() 函数测试线性表的正确性。

**实验讲解：**

设 A 链表和 B 链表为 2 条有序链表，则只需从前往后比较 A 和 B 的结点元素大小即可。具体算法描述如下：

（1）设活动指针 p 和 q 分别指向 A 链表和 B 链表的第一个元素的结点。

（2）建立空的新链表。

（3）若 p 和 q 都不为空，则进行如下循环：

① 若 p－>data＝＝q－>data，则

a. 在新链表最后加入新结点，其 data 域的值为 p 结点的 data，

b. p 和 q 分别指向后一个结点。

② 否则，若 p－>data＞q－data，则

a. 在新链表最后加入新结点，其 data 域的值为 q 结点的 data，

b. q 指向后一个结点。

③ 否则，

a. 在新链表最后加入新结点，其 data 域的值为 p 结点的 data，

b. p 指向后一个结点。

④ 若 p 不为空，则进行如下循环：

a. 在新链表最后加入新结点,其 data 域的值为 p 结点的 data,

b. p 指向后一个结点。

⑤ 若 q 不为空,则进行如下循环:

a. 在新链表最后加入新结点,其 data 域的值为 q 结点的 data,

b. q 指向后一个结点。

⑥ 返回新链表。

根据要求,直接编写链表的友元函数完成上述分析,因此,可直接通过对象访问链表的私有成员 front。下面给出具体代码。

```
template < class T >
LinkList < T > MergeList (LinkList < T > &A ,LinkList < T > &B)
{
    Node < T > *  p = A.front -> next;
    Node < T > *  q = B.front -> next;
    LinkList < T > N;
    Node < T > *  x = N.front;

    while(p && q){
        if(p -> data == q -> data) {
            x -> next = new Node < T >;
            x = x -> next;
            x -> data = p -> data;
            p = p -> next;
            q = q -> next;
        }
        else if(p -> data > q -> data) {
            x -> next = new Node < T >;
            x = x -> next;
            x -> data = q -> data;
            q = q -> next;
        }
        else{
            x -> next = new Node < T >;
            x = x -> next;
            x -> data = p -> data;
            p = p -> next;
        }
    }
        while(p){
            x -> next = new Node < T >;
            x = x -> next;
```

```
                        x - > data = p - > data;
                        p = p - > next;
                }
            while(q){
                x - > next = new Node < T >;
                x = x - > next;
                x - > data = q - > data;
                q = q - > next;
            }
        x - > next = NULL;
        return N;
}
```

下面给出简单类型数据的测试代码：

```
int a[10] = {1,2,3,4,15,16,17,18,19,20};
int b[5] = {2,4,6,8,9};
LinkList < int > A (a,sizeof(b)/sizeof(int));
LinkList < int > B (b,sizeof(b)/sizeof(int));
LinkList < int > C = MergeList(A, B);
```

若 Node 结点需要存储用户自定义类的对象，考虑到要进行对象之间的比较，因此在用户自定义类中需要对关系操作符进行重载。例如，用户自定义类如下：

```
class A{
public：
A(int x)：a(x){}
    bool operator == (A & x){return a == x.a;}
    bool operator >(A & x){return a > x.a;}
    bool operator <(A & x){return a < x.a;}
private：
    int a;
}
```

测试代码如下：

```
A a[10] = {A(1),A(2),A(3),A(4),A(15),A(16),A(17),A(18),A(19),A(20)};
A b[5] = {A(2),A(4),A(6),A(8),A(9)};
LinkList < A > A1 (a,sizeof(b)/sizeof(A));
LinkList < A > B1 (b, sizeof(b)/sizeof(A));
LinkList < A > C = MergeList(A1, B1);
```

# 2.2　八皇后问题求解

**实验二——题目 3：**

利用栈结构实现八皇后问题。

八皇后问题是 19 世纪著名的数学家高斯于 1850 年提出的。他的问题是：在 8×8 的棋盘上放置 8 个皇后，使其不能互相攻击，即任意两个皇后都不能处于同一行、同一列、同一斜线上。请设计算法打印所有可能的摆放方法。

**实验讲解：**

八皇后问题是一个经典的应用回溯算法求解的案例。该问题最初是国际西洋棋棋手马克斯·贝瑟尔于 1848 年提出：在 8×8 格的国际象棋上摆放 8 个皇后，使其不能互相攻击，即任意两个皇后都不能处于同一行、同一列或同一斜线上，问有多少种摆法。高斯认为有 76 种方案。1854 年在柏林的象棋杂志上不同的作者发表了 40 种不同的解，后来有人用图论的方法解出全部的 92 种结果。计算机发明后，有多种方法可以解决此问题。

首先分析采用递归方法求解该问题的思路。设 Queens(row) 表示计算从第 row($0 \leqslant \text{row} < N$) 行到第 $N-1$ 行所有皇后的位置，则其递推描述为：

（1）若 row==N，则打印结果，返回。

（2）循环探测第 row 行每一列 col 是否可放置皇后。

若 col 列可放置皇后，则：

a. 设置其为皇后位置；

b. 执行 Queens(row+1)，即计算从第 row+1 行到第 $N-1$ 行所有皇后的位置。

（3）若所有列全部探测完毕，则执行 row--，返回。

下面给出采用递归方法求解该问题的代码。

```
#include<iostream>
using namespace std;
#define N 8
int kk = 0;
/*判断第 row 行，第 col 列是否可以放置皇后*/
bool check(int *a,int row,int col)
{
    for(int k = 0;k<row;k++){
        if(a[k]==col || row+col==k+a[k] || row-col==k-a[k]) return false;
    }
    return true;
}
/*打印 8 个皇后的位置*/
void printMatrix(int * a)
{
    cout<<endl<<++kk<<endl;
```

```cpp
for(int i = 0; i < N; i ++){
    for(int j = 0; j < N; j ++){
        if(j == a[i]) cout << "o ";
        else cout << ". ";
    }
    cout << endl;
}
}
/* 计算从第 row 行到第 N-1 行放置皇后的位置 */
void Queens(int * a, int row)
{
    if(row == N){                      //若所有行全部放置了皇后,则打印
        printMatrix(a);
        return;
    }
    for(int col = 0;col < N;col ++){
        if(check(a,row,col)){          //若第 row 行,第 col 列可以放置
            a[row] = col;
            Queens(a,1 + row);
        }
    }
}
/** 八皇后主程序 **/
int main()
{
    int * a = new int [N];             //用于存储皇后在各行的位置
    int row = 0;
    Queens(a,row);                     //计算从第 0 行到第 N-1 行放置皇后的位置
    delete [] a;
    return 0;
}
```

下面分析采用非递归方法求解该问题。设用数组 $a$ 存储皇后在各行的位置,则操作过程如下:

(1) 初始化 $k=0, a[0]=-1$。

(2) 若 $k \geq 0$,则进行循环处理,对于第 $k$ 行:

① 循环判断可以放置皇后的位置,并保存到 $a[k]$ 中。

② 若找到放置的位置且 $k == N-1$,则打印结果。

③ 否则,若找到放置的位置且 $k < N-1$,则 $k ++$,令 $a[k] = -1$。

④ 否则,若没有找到放置的位置,$k --$。

下面给出采用非递归方法求解该问题的代码。

```
#define N 8
int kk = 0;
/ * 判断第 row 行,第 col 列是否可以放置皇后 * /
bool check(int * a,int row,int col)
{
    for(int k = 0;k < row;k ++ ){
        if(a[k] == col || row + col = = k + a[k] || row - col = = k - a[k]) return false;
    }
    return true;
}
/ * 打印 8 个皇后的位置 * /
void printMatrix(int * a)
{
    cout << endl << ++ kk << endl;
    for(int i = 0;i < N;i ++ ){
        for(int j = 0;j < N;j ++ ){
            if(j == a[i])cout <<"o ";
            else cout <<". ";
        }
        cout << endl;
    }
}
/ ** 八皇后非递归算法 ** /
void Queens(int * a)
{
    int k = 0;
    a[0] = - 1;
    while(k > = 0)
    {
        a[k] ++;
        while((a[k] < N) && ! (check(a,k,a[k])))
            a[k] ++;
        if(a[k] < N){
            if(k == N - 1)
            {
                printMatrix(a);
            }
            else
            {
                k ++;
```

```
                    a[k] = -1;
                }
            }
        else
            k --;
    }
}


/** 八皇后主程序 **/
int main()
{
    int * a = new int [N];
    Queens(a);
    delete [] a;
    return 0;
}
```

# 2.3 算术表达式计算问题

**实验二——题目 5：**

表达式求值是程序设计语言编译中最基本的问题，它要求把一个表达式翻译成能够直接求值的序列。例如，用户输入字符串"14＋((13－2) 2－11 5) 2"，程序可以自动计算得到最终的结果。在这里，我们将问题简化，假定算数表达式的值均为非负整数常数，不包含变量、小数和字符常量。

试设计一个算术四则运算表达式求值的简单计算器。

**实验讲解：**

包含加减乘除四则运算的算术表达式求值是一个基本的问题。例如，用户输入字符串"14＋((13－2) * 2－11 * 5) * 2"，程序如何自动计算得到最终的结果？在这里，我们将问题简化，假定算术表达式的值均为非负整数常数，不包含变量、小数和字符常量。

首先考虑如何存储算法表达式，通常可设置两个栈，一个称为运算符栈，存储表达式中的运算符，一个称为操作数栈，存储表达式中的操作数。从运算符栈弹出一个运算符，从操作数栈中弹出两个操作数，可进行一次计算，计算结果应再次压入操作数栈。

设运算符栈为 s，操作数栈为 v，对于 a * b + c 形式的表达式，操作如下：

遍历字符 a，入栈 v，s 为[]，v 为[a]。

遍历字符 *，入栈 s，s 为[ * ]，v 为[a]。

遍历字符 b，入栈 v，s 为[ * ]，v 为[a,b]。

遍历字符＋，此时其运算优先级小于等于 s 栈顶元素优先级，则需 s 弹栈 1 次，v 弹栈 2 次进行运算，设结果为 x(x=a * b)，最后将 x 入栈 v，＋入栈 s。此时 s 为[＋]，v 为[x]。

遍历字符 c，入栈 v，s 为[＋]，v 为[x,c]。

扫描结束,接下来继续进行出栈操作:s 弹栈 1 次,v 弹栈 2 次进行运算,设结果为 y(y＝x＋c),最后将 y 入栈 v。此时 s 为空栈,v 中只存储一个值,栈顶元素为[y],即为最后的计算结果。

操作中需要考虑算术表达式中操作符的优先级问题,主要有加减操作、乘除操作和左括号的优先级。右括号不需要设置优先级,在扫描算术表达式时若碰到右括号,应开始弹栈操作,进行计算,直到碰到对应的左括号。因此可设置枚举类型,利用枚举类型的值代表其优先级的大小。例如:

```
enum PRIO {NONE = 0,ADD_SUB,MUL_DEV,LEFT_BR};    //枚举所有优先级
```

显然,左括号的优先级大于乘除的优先级,乘除的优先级大于加减的优先级。可以按如下方法设置各种运算符的优先级:

```
char x[255] = {0};                              //存储优先级
//设置运算符的优先级
void SetOper()
{
    x['+'] = ADD_SUB;
    x['-'] = ADD_SUB;
    x['*'] = MUL_DEV;
    x['/'] = MUL_DEV;
    x['('] = LEFT_BR;
}
```

该方法虽然多占用了一些存储空间,但判断符号的优先级是直接利用下标得到,加快了查找速度。

由于表达式中的数字可能有多位,因此在遍历时获取真正的数值的时刻是在下一个字符为非数字时。可使用枚举类型给出扫描到某位时可能的状态:

```
enum PRE {START,NUM,OPER};       //枚举扫描表达式时可能的所有状态
```

当前一个字符为数字,其状态为 NUM,此时的操作数值为 value。若当前字符为数字符号 x,则需要更新操作数为 value * 10＋x－'0'。若当前字符为操作符,则需要将最终的操作数 value 压入操作数栈。

当前一个字符为非数字,其状态为 OPER。若当前字符为数字字符 x,则需要设置操作数 value 为 x－'0',并修改状态为 NUM。

下面给出整个操作的处理过程。

(1) 循环取算数表达式的字符:

　　① 若是数字:

　　a. 若前一个也是数字,计算新操作数。

　　b. 若前一个不是数字,为操作数赋新值,设置状态为 NUM。

　　② 否则:

　　a. 若前一个是数字,将操作数入操作数栈,

　　b. 设置状态为 OPER。

c. 若当前字符是右括号：

• 重复进行计算直到遇到对应的左括号。一次计算为从运算符栈弹出一个运算符,从操作数栈中弹出两个操作数,进行计算,计算结果再次压入操作数栈。

d. 否则：

• 若栈不空,且栈顶不是左括号,且当前运算符优先级比小于等于运算符栈的栈顶元素,则进行一次计算。

• 运算符入栈。

（2）循环结束后,若最后的状态为 NUM,应将其压入到操作数栈。

（3）循环进行计算,直到操作数栈高度为 1 且运算符栈为空。此时操作数栈的栈顶元素即为整个表达式的运算结果。

代码如下：

```
#include "stack"
using namespace std;
enum PRIO {NONE = 0,ADD_SUB,MUL_DEV,LEFT_BR};    //枚举所有优先级
enum PRE {START,NUM,OPER};                        //枚举扫描表达式时可能的所有状态
char x[255] = {0};                                //存储优先级
//设置运算符的优先级
void SetOper()
{
    x['+'] = ADD_SUB;
    x['-'] = ADD_SUB;
    x['*'] = MUL_DEV;
    x['/'] = MUL_DEV;
    x['('] = LEFT_BR;
}
//判读是否为数字
bool isDigital(char c)
{
    return (c >= '0' && c <= '9');
}
//判读是否为操作符
bool isOper(char c)
{
    return x[c];
}
//弹出一个操作符和两个操作数进行计算,计算结果压入操作数栈
void Run(stack < char >&s, stack < float >&v)
{
    if(s.empty()) throw "Error";
    if(v.empty()) throw "Error";
```

```
        char o = s.top ();
        s.pop ();
        float x[2];
        x[0] = v.top ();
        v.pop ();
        if(v.empty()) throw "Error";
        x[1] = v.top ();
        v.pop ();
        switch (o)
        {
        case ´ + ´:
            v.push(x[1] + x[0]);
            break;
        case ´ - ´:
            v.push(x[1] - x[0]);
            break;
        case ´ * ´:
            v.push(x[1] * x[0]);
            break;
        case ´/´:
            v.push(x[1]/x[0]);
            break;
        default:
            throw "Error.";
        }
}
//遍历表达式字符串,返回计算结果
float calc(char * k)
{
    stack < char > s;               //运算符栈
    stack < float > v;              //操作数栈
    int i = 0;
    int value = 0;                  //存储遍历表达式时的当前操作数
    char c;                         //存储遍历表达式时的当前字符
    PRE status = START;             //存储扫描表达式前一个字符时的状态
    while(c = k[i]){
        if(isDigital(c)){           //若为数字,得到新的操作数
            if(status == NUM) {
                value = value * 10 + c - ´0´;
            }
```

```
            else   {
                status = NUM;
                value = c - ´0´;
            }
        }
        else {
            if(status = = NUM){
                v.push(value);
            }
            status = OPER;
            if(c = = ´)´){ //若为右括号,则不断弹出运算符进行计算,直到弹出对应的´(´
                while(!s.empty () && s.top()! = ´(´){
                    Run(s,v);
                }
                if(s.empty ()) throw "Error";
                s.pop ();
            }
            else if(isOper(c)){       //若为操作符,入栈或弹栈计算
                if(!s.empty () && s.top ()! = ´(´ && x[c]< = x[s.top ()]){
                    Run(s,v);
                }
                s.push (c);
            }
        }
        i + +;
    }
    if(status = = NUM) v.push (value);
    while(v.size() ! = 1 || s.size()! = 0) Run(s,v);
    return v.top();
}


int main()
{
    SetOper();
    char s[1000];
    while(1){
        try{
            cout <<"input express:"<< endl;
            cin >> s;
            cout <<" = "<< calc(s)<< endl;
```

```
        }
        catch(char * s)
        {
            cout << s << endl;
        }
    }
    return 0;
}
```

除了算法表达式之外,逻辑表达式的计算也可以按此方法进行。例如"a&&b||c&&(!d||!(x&&a))",读者可以自行编写相应算法。

## 2.4  二值图像连通域标记算法

**实验二——题目7:**

在仅有黑色像素和白色像素的图像中,将相邻的黑色像素构成的点集称为一个连通域。连通域标记算法把连通区域所有像素设定同一个标记,常见的标记算法有四邻域标记算法和八邻域标记算法。

**实验讲解:**

在仅有黑色像素和白色像素的图像中,将相邻的黑色像素构成的点集称为一个连通域。连通域标记算法把连通区域所有像素设定同一个标记,常见的标记算法有四邻域标记算法和八邻域标记算法。四邻域标记算法中,当前黑点与上、下、左、右任意相邻黑点属于同一连通域。

设二维数组每个元素代表一个像素,其值为 0 表示白色像素,为 1 表示黑色像素。现设计四邻域标记算法,将二维数组中的所有像素标记出对应的连通域编号(设从 1 开始编号)。

该问题既可以采用递归处理,也可以采用非递归处理。这里将采用非递归处理算法,其效率高于递归处理算法。设二维数组 $a[M][N]$ 存储所有像素,二维数组 $b[M][N]$ 存储每个像素所属连通域标记的地址,一维数组 $p$ 存储所有的连通域标记。非递归算法处理思路如下:

从左上角开始按行优先遍历数组,若发现黑像素点(设第 $i$ 行第 $j$ 列),则进行如下处理:

(1) 若 $j>0$,且左点也为黑点,且 $i==0$ 或 $i>0$ 且上点不为黑点,则:

当前点所属连通域的标记与左点相同。

(2) 否则,若 $j==0$ 或 $j>0$ 且左点不为黑点,并且上点为黑点,则:

当前点所属连通域的标记与上点相同。

(3) 否则,若 $i==0$,或此时是第一个黑点,或 $j==0$ 且上点不为黑点,或左点和上点均不为黑点,则:

当前点所属连通域为新连通域,设置新标记。

(4) 否则,若左点和上点为同一连通域,则:

① 当前点所属连通域的标记与上点相同。

(5) 否则,若左点和上点属于不同的连通域,则:

① 设上点所在连通域的标记为 $x$,

② 更新标记为 $x$ 的所有连通域的标记与左点相同,

③ 当前点所属连通域的标记与左点相同。

非递归算法处理代码如下:

```cpp
# include "iostream"
using namespace std;
void island(int * a, int ** b, int * p, int r, int c)
{
    int k = 1;
    for(int i = 0; i < r; i ++){
        for(int j = 0; j < c; j ++){
            if(! a[i * c + j]) continue;
            if((i == 0 || i > 0&&! b[(i - 1) * c + j])&&j > 0&&b[i * c + j - 1])
                b[i * c + j] = b[i * c + j - 1];
            else if((j == 0 || j > 0&&! b[(i) * c + j - 1])&&b[(i - 1) * c + j])
                b[i * c + j] = b[(i - 1) * c + j];
            else if(i == 0 || k == 1 || j == 0&&! b[(i - 1) * c + j] || ! b[(i) * c +
j - 1]&&! b[(i - 1) * c + j])
                {
                b[i * c + j] = p;
                * p ++ = k ++;
                }
            else if(b[(i - 1) * c + j] && b[(i - 1) * c + j] == b[i * c + j - 1])
                b[i * c + j] = b[(i - 1) * c + j];
            else if(b[(i - 1) * c + j]&&b[i * c + j - 1])     //加入映射表
                {
                int * p1 = p;
                int x = * b[(i - 1) * c + j];
                while(p1 + k - 1 > = p)
                    {
                    if( * p1 == x)
                        * p1 = * b[i * c + j - 1];
                    p1 --;
                    }
                b[i * c + j] = b[i * c + j - 1];
                }
            }
        }
    }
}
```

测试程序如下:

```
#define M 7
#define N 7
int main(int argc, char * argv[])
{
    int a[M][N] = {
            1,0,1,0,1,0,1,
            1,0,1,0,1,1,1,
            1,0,1,1,0,0,1,
            1,0,0,1,1,1,1,
            1,1,1,0,0,0,1,
            0,0,1,0,0,0,1,
            1,1,1,1,1,1,1
    };
    int * b[M][N] = {0};
    int p[M * N] = {0};
    island(a[0],b[0],p,M,N);
    for(int i = 0;i < M;i ++){
        for(int j = 0;j < N;j ++)
        {
            cout << a[i][j]<<"("<<(b[i][j]? ( * b[i][j]):0)<<"-"<<b[i][j]<<")";
        }
        cout << endl;
    }
    return 0;
}
```

## 2.5　哈夫曼编码问题

**实验三——题目 2：**
利用二叉树结构实现哈夫曼编/解码器。
基本要求：
（1）初始化（Init）：能够对输入的任意长度的字符串 s 进行统计，统计每个字符的频度，并建立哈夫曼树。
（2）建立编码表（CreateTable）：利用已经建好的哈夫曼树进行编码，并将每个字符的编码输出。
（3）编码（Encoding）：根据编码表对输入的字符串进行编码，并将编码后的字符串输出。
（4）译码（Decoding）：利用已经建好的哈夫曼树对编码后的字符串进行译码，并输出译码结果。
（5）打印（Print）：以直观的方式打印哈夫曼树（选做）。

（6）计算输入的字符串编码前和编码后的长度，并进行分析，讨论哈夫曼编码的压缩效果。

（7）可采用二进制编码方式（选做）。

**实验讲解：**

哈夫曼编解码的实验按照模块化分，可以划分成如下部分：

（1）统计输入的字符串中字符频率；

（2）创建哈夫曼树；

（3）打印哈夫曼树；

（4）创建哈夫曼编码表；

（5）对输入的字符串进行编码并输出编码结果；

（6）对编码结果进行解码，并输出解码后的字符串；

（7）最后编写测试函数，测试上述步骤的正确性。

根据模块化分，设计哈夫曼的存储结构如下：

（1）哈夫曼树的结点结构

```
struct HNode
{
    int weight;                    //结点权值
    int parent;                    //双亲指针
    int LChild;                    //左孩子指针
    int RChild;                    //右孩子指针
};
```

（2）编码表结点结构（如图 2-2-1 所示）

```
struct HCode
{
    char data;
    char code[100];
};
```

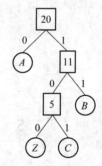

图 2-2-1　哈夫曼树编码结构

（3）哈夫曼类结构

```
class Huffman
{
private:
    HNode * HTree;                 //哈夫曼树
    HCode * HCodeTable;            //哈夫曼编码表
    char str[1024];                //输入的原始字符串
    char leaf[256];                //叶子结点对应的字符
    int a[256];                    //记录每个出现字符的个数
public:
    int  n;                        //叶子结点数
    void init();                   //初始化
```

```
        void CreateHTree();                      //创建哈夫曼树
        void SelectMin(int &x, int &y, int s, int e);

        void CreateCodeTable();                   //创建编码表
        void Encode(char * d);                    //编码
        void Decode(char * s, char * d);          //解码
        void print(int i, int m);                 //打印哈夫曼树
        ~ Huffman();
    }
```

根据实验要求,分步骤实现哈夫曼编/解码,如下。

**步骤 1:统计输入的字符串中字符的频率**

哈夫曼编码的第一步需要使用字符出现的频率作为输入,本实验使用从键盘输入的方式进行,需要解决的问题有两个:一是输入的字符串中间有空格如何处理？二是如何使统计效率更高？

例如:

```
        char str[1024];
        cin >> str;
```

上述代码运行后输入字符串,但 cin >> str 遇到空格就停止本次读取,所以我们需要使用其他的方法来进行输入,即需要使用 cin.get()函数进行字符串读取。get()方法每调用一次,读取一个字符,该字符的 ASCII 码作为返回值返回,换行回车等控制字符也当作普通字符进行读取,因此需要指定结束读取的标志字符,才能停止 get()函数的循环调用。

本实验中可以将字符读取和统计结合在一起进行。示例代码如下:

```
①  int nNum[256] = {0};                        //记录每一个字符出现的次数
②  int ch = cin.get();
③  int i = 0;
④  while((ch! = ´\r´) && (ch! = ´\n´))
    {
⑤      nNum[ch] + +;                            //统计字符出现的次数
⑥      str[i + +] = ch;                         //记录原始字符串
⑦      ch = cin.get();                          //读取下一个字符
    }
⑧  str[i] = ´\0´
```

其中,整型数组变量 nNum 用来记录每一个字符出现的次数(若该字符未出现,则对应的 nNum[ch]的值为 0),可以把读取的字符 ch 的 ASCII 码当成,当 ch 出现时,nNum[ch]自动加一。

当然,数组 nNum 中的等于零的字符会有很多,不方便后续哈夫曼树的创建,因此可以进行过滤,仅留下出现次数大于零的字符。因此,完整的初始化代码如下:

```
void Huffman::init()
    {
```

```
①~⑧
n = 0;
for(i = 0; i < 256; i ++)
{
        if(nNum[i] > 0)                    //若 nNum[i] == 0 说明该字符未出现
        {
                leaf[n] = (char)i;
                a[n] = nNum[i];
                n ++;
        }
}
```

其中,数组 leaf 存储出现次数大于零的字符,相应的数组 $a$ 存储该字符出现的次数,$n$ 为字符数,作为步骤 2 创建哈夫曼树的输入。字符数组 str 存储用户输入的字符串,作为步骤 5 编码的输入。当然,也可以使用其他方法进行字符的统计,请读者自行思考。

**步骤 2:创建哈夫曼树**

该步骤在配套教材 4.5.2 小节中进行了详细的讲解和实现,其中有一个选择权值之中最小的两个权值的函数,即函数 SelectMin(int &x, int &y, int s, int e);其中 $x$ 为最小权值,$y$ 为次小权值,$s$ 为权值范围的起始下标,$e$ 为结束下标。该函数如何实现呢?

分析:从所有未使用过的权值表中选择两个最小的权值,可以有多种方法,比如一次选择一个最小的,选择两遍;或者进行迭代,一次选择出两个。显然,后者的时间效率较高,因此我们采用后者进行实现。迭代选择两个最小值的基本思想是:

(1) 从权值表 HTree[s..e]中选取第一个未使用结点下标为 $x$,并设 $y=x$。

(2) 从剩下的未使用的权值中依次遍历:

若当前结点 $i$ 的权值<结点 $x$ 的权值,则迭代,即 $y=x$; $x=i$;

否则,若此时 $y=x$(即 $y$ 还未赋值),则 $y=i$;

若此时当前结点 $i$ 的权值<$y$ 结点的权值,则 $y=i$。

具体实现如下:

```
void Huffman::SelectMin(int &x, int &y, int s, int e)
{
    int i;
    for(i = s; i <= e; i ++)
        if(HTree[i].parent == -1)
        {
            x = y = i;    break;        //找出第一个有效权值 x,并令 y = x
        }
    for(; i < e; i ++)
        if(HTree[i].parent == -1)      //该权值未使用过
        {
            if(HTree[i].weight < HTree[x].weight)
```

```
        {
            y = x;    x = i;            //迭代,依次找出前两个最小值
        }
        else if((x == y) || (HTree[i].weight < HTree [y].weight))
            y = i;                      //找出第 2 个有效权值 y
    }
}
```

特别说明,本例中叶子结点数 *n* 作为成员变量,因此,哈夫曼类的成员函数的参数中不必再添加 int *n* 这个参数,直接使用 *n* 即可。

**步骤 3:打印哈夫曼树**

哈夫曼树的直观表示方式有多种,我们常见的树状结构如图 2-2-2 所示是其中的一种,此外还有如图 2-2-3(a)所示的嵌套集合表示法,如图 2-2-3(b)所示的广义表表示法和图 2-2-3(c)所示的凹入表示法。

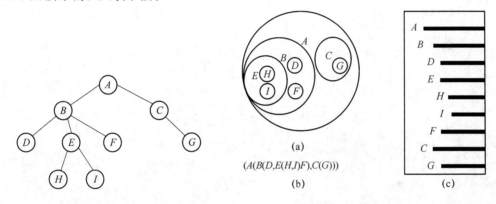

$(A(B(D,E(H,I)F),C(G)))$

(b)

图 2-2-2 树型表示法                图 2-2-3 其他表示法

树型表示法当结点很多的时候,不容易打印得非常合适,所以我们可以选择使用凹入表的方式打印任意形状的哈夫曼树。根结点空一格直接打印,第 2 层结点空 2 格打印,第 3 层结点空 3 格打印,依此类推,每个结点占用独立的一行。由于只有叶子结点是有对应字符的,所以其他结点可以打印该结点的权值。因此,我们可以尝试使用二叉树前序遍历的方式来进行直观的打印。示例代码如下:

```
#define N 10                                  //定义树的最大深度
void Huffman::print(int i, int m)
{
    if(HTree[i].LChild == -1)
        cout << setfill(' ')<< setw(m + 1)<< leaf[i]<< setfill('-')<< setw(N-m)<<'\n';
    else
    {
        cout << setfill(' ')<< setw(m + 1)<< HTree[i].weight << setfill('-')<< setw(N-m)<<'\n';
        print(HTree[i].LChild,m + 1);
        print(HTree[i].RChild,m + 1);
```

```
    }
}
```

其中,参数 $i$ 表示哈夫曼树的下标为 $i$ 的结点,$m$ 表示该结点的层次。该函数是递归函数,所以在 main()函数中第一次调用该函数时,实参为 $i=2*n-2$,$m=1$。

**步骤 4:创建编码表**

该步骤请参考配套教材 4.5.3 小节中的讲解和实现即可。

**步骤 5:编码**

编码表生成后,进行编码相对容易,实验要求只要能够显示出来编码后的字符串即可,也就是说,若 $A$ 的编码为 $0$,$B$ 的编码为 $10$,则字符串 $AAB$ 的编码显示为"0010"即可。由于初始化函数中已经记录了输入的字符串 str,因此直接使用该变量作为输入即可。

```
void Huffman::Encode(char * d)
{
    char * s = str;
    while( * s! = '\0')
    {
        for(int i = 0;i < n;i + + )
            if( * s = = HCodeTable[i].data)
            {
                ①strcat(d, HCodeTable[i].code);    //d 为编码后的字符串
                break;
            }
        s + +;
    }
}
```

上述代码用于本实验的编码显示和验证是没问题的,但并没有实现真正的压缩效果,这是因为代码①的实现。例如,若 A 的编码为 100,实际压缩中使用 3 个 bit 代替字符 A,本例中使用了 3 个字符"100"来编码,因此没有真正的压缩效果。如果希望能够按照 bit 的方式进行编码,需要使用位运算符进行 bit 的操作,将编码按照 bit 的方式写入文件。

请自行思考,如何采用 bit 的方式使用哈夫曼编码压缩文件。

**步骤 6:解码**

该步骤请参考配套教材 4.5.4 小节中的讲解和实现即可。

**步骤 7:测试**

根据测试数据,编写如下 main()函数进行测试:

```
void main()
{
    Huffman HFCode;
    cout <<"请输入要编码的字符串:";
    HFCode.init();
```

```
    cout << "创建 Huffman 树:"<< endl;
    HFCode.CreateHTree();
    HFCode.print(2 * HFCode.n - 2,1);

    cout << "创建 Huffman 编码表:"<< endl;
    HFCode.CreateCodeTable();

    char d[1024] = {0};
    HFCode.Encode(d);
    cout << "编码结果:"<< d << endl;

    char s[1024] = {0};
    HFCode.Decode(d,s);
    cout << "解码结果:"<< s << endl;
}
```

最后,也是特别要注意的地方——内存泄漏。本实验中的主要数据结构 HTree 和 HCo-deTable 都是动态内存,因此必须要在哈夫曼树的析构函数中进行内存清理,示例代码如下:

```
Huffman::~ Huffman()
{
    delete  []HTree;
    delete  []HCodeTable;
}
```

本实验的运行效果如图 2-2-4 所示。

图 2-2-4　运行测试结果

下面讨论哈夫曼编码的压缩效果。数据压缩比(Data Compression Ratio)是衡量数据压缩器压缩效率的质量指标,是指数据被压缩的比例,其计算公式如下:

$$压缩比=压缩前字节数/压缩后字节数$$

本实验为了方便显示和验证算法,采用的是字符串方式进行压缩,即若一个字符 A 的哈夫曼编码为"010",采用 3 个字符进行编码显示,即一个字节的字符 A 用了 3 个字节的字符编码。实际中应当采用 3 个 bit 进行压缩,才能有压缩效果。

因此,按照图中的测试数据,本实验哈夫曼编码的压缩比为:$15/18 = 0.83$;实际按照比特压缩的压缩比为:$15 \times 8/18 = 6.67$。

哈夫曼编解码的实验是一个比较综合的实验,在实验过程中要体会如何进行程序结构设计,学习对大量代码的程序组织能力,从而奠定对未来大项目的设计和实现基础。

# 2.6  地图染色问题

**实验五——题目 3:**

将图 2-2-5 所示的地图进行染色,最少使用多少种颜色可以使得染色后的地图相邻部分的颜色不相同?

**实验讲解:**

这是一个典型的地图染色问题,解决的步骤如下:

(1) 地图表示:将地图转化成图的表示方式,图由两种成员组成:顶点和边,即顶点表示什么,边表示什么? 本题指的是利用图的顶点存储地图上需要的染色的区域,利用图的边表示图上区域之间是否相邻的关系,比如区域 1 和区域 2 相邻,则图中顶点 1 和顶点 2 之间就画一条边,这是地图的储存,如图 2-2-6 所示。

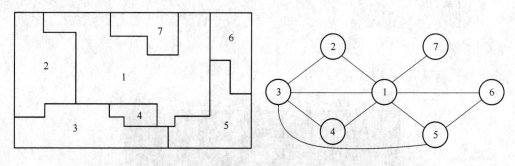

图 2-2-5  示例图               图 2-2-6  地图表示

(2) 算法:遍历图中的各个顶点,将相邻的顶点使用不同颜色进行染色,不相邻的顶点使用相同的颜色进行着色,即可完成该算法。因此,我们有如下问题需要解决。

问题 1:如何存储不同顶点的颜色?

问题 2:如何判断该颜色是否可以使用?

问题 3:如何判断染色方案是否是最优方案,即使用了最少的颜色?

• 对于问题 1,如何存储顶点颜色?

可以附设 1 个顶点颜色数组 int $x[N]$($N$ 为顶点数),用来保存每一个顶点的颜色,比如顶点 1 的颜色号为 3,则 $x[0]$ 等于 3。

• 对于问题 2,如何判断颜色是否可用?

可以采用探测回溯的方法解决,具体步骤如下:

步骤 a. 按照序号 $1..N$,依次选择顶点;

步骤 b. 从已经分配的颜色中依次选取一个颜色号,将该颜色赋予当前的顶点;

步骤 c. 与该顶点相邻并且已经染色的顶点进行比较,若颜色相同,则说明该颜色号不合适,重新选取一个新的颜色,返回 b;若该颜色与所有相邻顶点的颜色都不相同,则该颜色选定,返回 a,选择下一个顶点。

反复上述步骤,直到所有顶点染色完毕。

- 对于问题 3,如何确定最优解?

如果按照问题 2 的步骤,我们可以得出一种有效的染色方案,但该方案是否最优,即是否使用了最少的颜色,我们不能确定。因此,我们需要将问题 2 的解决步骤进行优化,即将步骤 a 进行修改,改为按照顶点度数从大到小的顺序进行染色,大量实践证明,该方法在大部分情况下可以得到一个最优解。

因此设计一个存储结构,存储顶点编号和链接数:

```
struct NODE
{
    int ID;
    int Links;
};
```

为了使染色算法更具通用性,我们实现了一个顶点排序的算法 SortNode(int b, NODE SN[]);b 为邻接矩阵,SN 为顶点信息数组。该算法为自动顶点排序算法,该数组应该由邻接矩阵计算每个顶点的度,然后再按度从大到小的顺序排序,得到排序后的顶点序号{0,2,4,1,3,5,6},示例代码如下:

```
void SortNode(int b[][N],NODE SN[])
{
    for(int i = 0;i < N;i ++ )
    {
        SN[i].ID = i;    SN[i].Links = 0;        //初始化顶点信息
        for(int j = 0;j < N;j ++ )
            SN[i].Links + = b[i][j];         //计算每个顶点的度
    }
    for(int i = 1;i < N;i ++ )                       //冒泡排序
        for(int j = 0; j < N - i;j ++ )
            if(SN[j].Links < SN[j + 1].Links)
            {
                NODE tmp = SN[j];
                SN[j]     = SN[j + 1];
                SN[j + 1]   = tmp;
            }
}
```

准备工作完成,然后规划一下程序的模块结构,从模块化的角度讲,本实验可以将程序分成 3 个模块,即 3 个函数,如下。

① 主函数 main():用来进行数据初始化和测试染色算法,打印输出结果等。

② 染色函数 Coloring()：本实验的关键算法，遍历每一个结点，并为其染色。

③ 验证颜色函数 IsValid()：为每个结点染色的时候进行判断，在染色函数中调用。

因此，整个程序的关键染色算法代码如下：

```cpp
#include<iostream>
using namespace std;
const int N = 7;


//判断该颜色是否可用,b 是邻接矩阵,k 是当前染色的顶点序号,x 是顶点颜色数组
bool IsValid(int b[N][N], int k, int x[])
{
    for(int i = 0; i<k; i++)
        if((b[k][i]) && (x[k] == x[i]))
            return false;        //i 和 k 相邻,并且颜色相同,该颜色不合适
    return true;
}
//染色函数, b 是邻接矩阵,x 是顶点颜色数组, n 是结点个数
void Coloring(int b[N][N], int x[], int n,NODE Node[])
{
    x[Node[0].ID] = 1;
    for(k = 1; k < N; k++)
    {
        x[Node[k].ID] = 1;
        while(!IsValid(b, Node[k].ID, x))        //着色无效继续在当前层搜索有效的颜色
            x[Node[k].ID] = x[Node[k].ID] + 1;
    }
}
void main()
{
    int x[N] = {0};                //顶点颜色数组,用来保存最后的染色结果
    int b[N][N] = {0,1,1,1 ,1,1,1, //图 2-2-6 所示的邻接矩阵
                1,0,1,0,0,0,0,
                1,1,0,1,1,0,0,
                1,0,1,0,0,0,0,
                1,0,1,0,0,1,0,
                1,0,0,0,1,0,0,
                1,0,0,0,0,0,0};
    NODE Node[N];
    SortNode(b,Node);①                //按度数排序的顶点序号
    Coloring(b,x,N,Node);

    for(int j = 0; j<N; ++j)        //输出
```

cout <<"顶点"<< j + 1 <<"色号:"<< x[j]<< endl;
}

程序运行结果如图 2-2-7 所示。地图表示的染色结果如图 2-2-8 所示。

图 2-2-7　染色运行结果

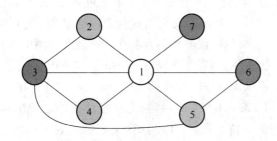

图 2-2-8　地图表示的染色结果

注:该方法中顶点排序 SortNode() 的时间复杂度为 $O(N * N)$,判断当前颜色是否可用 IsValid() 的时间复杂度为 $O(N)$,因此,最终染色算法的时间复杂度为 $O(N * N * m)$,$m$ 为用于染色的颜色数。

## 2.7　散列查找问题

**实验六——题目 3:**

问题:一个文件包含不超过 1 亿条数据,每条数据都是一个 7 位的整数,每个整数至多出现一次,如何利用最小的内存和无限大的硬盘空间,利用散列表技术来实现快速查找?

提示:数据文件格式如图 2-2-9 所示。

**实验讲解:**

首先介绍一下什么是位图的方法。

假设有一组小于 20 的非负整数集合,则可以使用一个 20 bit 的位串来表示。例如,集合 $\{2,8,3,5,1,13\}$,它的存储方式如表 2-2-1 所示。

图 2-2-9　data.txt 文件格式

**表 2-2-1　20 bit 的位串**

| bit 位 | 0 | 1 | 2 | 3 | 4 | 5 | 6 | 7 | 8 | 9 | 10 | 11 | 12 | 13 | 14 | 15 | 16 | 17 | 18 | 19 |
|---|---|---|---|---|---|---|---|---|---|---|---|---|---|---|---|---|---|---|---|---|
| 位数值 | 0 | 1 | 1 | 1 | 0 | 1 | 0 | 0 | 1 | 0 | 0 | 0 | 0 | 1 | 0 | 0 | 0 | 0 | 0 | 0 |

其中,将代表数字的各个 bit 位置 1,比如表 2-2-1 中灰色背景部分;其他 bit 位全部置 0,就可以使用 20bit 的空间存储 6 个整数。当我们查找任意一个整数,我们可以通过查找该整数对应的 bit 位的值是 1 还是 0,来判断该整数是否存在。这就是位图的方法。

所以,根据本实验的数据特点:7 位整数[1 000 000..9 999 999]范围内且不重复,每一个整数使用 1 个 bit 存储,可以构造一个长度为 9 000 000/8=1 125 000=1. 125 M 的整型散列表:unsigned char Hash[1 125 000]={0},利用直接定址法的思想来构造散列函数 $H_1(x)$ 和 $H_2(x)$,其中 $x$ 为待散列的 7 位整数,$H_1(x)$ 计算 $x$ 在散列表 Hash 的下标,$H_2(x)$ 计算 $x$ 在 Hash[$H_1(x)$]元素中的 bit 位置:

$H_1(x)=(x-1\ 000\ 000)/8$

$H_2(x)=(x-1\ 000\ 000)\%8$

因此,构造散列表时,按顺序遍历数据文件,计算每一个数据对应在散列表 Hash 的 bit 位,并置 1,即可构造好该散列表。

查找时,对任意待查找的整数 $y$,计算 $H_1(y)$ 和 $H_2(y)$,定位整数 $y$ 对应在 Hash 中的 bit 位,若该位置为 1,则说明查找成功;否则 $y$ 不存在。

根据上面的分析,我们可以把整个程序进行模块化划分,分成以下 4 个部分:

(1) 构造一个空的散列表:

unsigned char Hash[1125000] = {0};

(2) 在散列表中插入一个元素:

void insert_ele (unsigned charHash [], int x);

(3) 读取文件,并调用函数(2)生成散列表:

voidgen_hash();

(4) 测试:输入任意一个 7 位整数,查找该整数是否存在。

以上 4 个步骤,只需要遍历一次所有数据,因此构造散列表的时间复杂度为 $O(n)$,查找散列表的时间复杂度为 $O(1)$。该算法的关键第(2)和(3)步骤的具体的 C++代码实现如下：

（1）在散列表中插入一个元素

每读出一个整型元素 $x$，需要根据散列函数 $H_1$ 和 $H_2$ 计算该元素在散列表中的位置，然后将该位置的 bit 位设置为 1。示例代码如下：

```cpp
void insert_ele (unsigned charHash[], int x)    //x 为文件中读出的数据
{
    int H1 = (x - 1000000)/8;                   //计算对应 Hash 的下标
    int H2 = (x - 1000000) % 8;                 //计算对应 bit 位
    Hash[H1] = Hash[H1] | (0x01 << H2);         //对应位置 1
}
```

（2）构造完整的升序散列表，时间复杂度 $O(n)$；

读取 data.txt 文件，使用 getline() 函数一行一行读取（因为每一个整数占用单独的一行），然后再将读出的字符串使用 atoi() 函数转换成相应的整数。

```cpp
void gen_hash()
{
    char str[12];
    ifstream in ("data.txt");                   //打开文件
    while(! in.eof())                           //文件不结束
    {
        in.getline(str, 12, '\n');              //读取 1 行
        inti = atoi (str);                      //字符串转化成整型
        if(i)insert_ele(Hash, i);               //每读取一个数据即插入
    }
    in.close();
}
```

（3）测试函数

该函数用来测试该散列函数的有效性。即输入任意的一位 7 位整数，通过 $H_1$ 和 $H_2$ 计算该整数在散列表中的位置，若该位置为 1，则成功找到该整数；否则，该整数不存在。

```cpp
int Search(int x)
{
    int H1 = (x - 1000000)/8;                   //计算对应 Hash 的下标
    int H2 = (x - 1000000) % 8;                 //计算对应 bit 位
    if(Hash[H1]& (0x01 << H2) == 1)             //对应位置 1
            return 1;
    else
            return 0;
}
```

最后，实现一个测试主函数，用来完整测试该方法。该方法时间复杂度 $O(n)$，内存使用量为

1.125 MB。

```
void main()
{
    int x;
    static unsigned char Hash[1125e3] = {0};    //声明并初始化散列表
    gen_hash();
    cin >> x;
    if(Search(x) == 1)
        cout << "查找成功!" << endl;
    else
        cout << "该整数不存在!" << endl;
}
```

注：

① 函数 atoi()实现由字符串到整型数的转换，包含在库 stdlib.h 中。

② 位图的方法将数据散列到位串中，还可以达到对数据进行排序的功能，其排序的时间复杂度为 $O(n)$。有兴趣的读者，不妨自己实现一下。

# 2.8  机器调度问题

**实验六——题目 4：**

机器调度问题：有 $m$ 台机器处理 $n$ 个作业，设作业 $i$ 的处理时间为 $t_i$，则对 $n$ 个作业进行机器分配，使得：

(1) 一台机器在同一时间内只能处理一个作业；

(2) 一个作业不能同时在两台机器上处理；

(3) 作业 $i$ 一旦运行，需要连续 $t_i$ 个时间单位。

设计算法进行合理调度，使得 $m$ 台机器上处理 $n$ 个作业所需要的总时间最短。

**实验讲解：**

这是一个多机调度求最优解的问题。

• 输入：$n$ 个不同处理时间的作业。

• 约束条件：$m$ 台机器，隐含每台机器的处理能力相同。

• 目标：处理这 $n$ 个作业的总时间最短。

该问题属于 NP 问题，即非确定问题也称为难解问题，也就是说对于 $n$ 个输入，我们可以很容易地给出一个解，但很难确定这个解是否是最优解。

因此，本实验我们使用一种简单的但有效的求解这类问题的算法——贪心算法进行求解。

首先介绍什么是贪心算法。贪心算法又称贪婪算法，指的是在对问题求解时，总是做出在当前看来是最好的选择。也就是说，不从整体最优上加以考虑，它所做出的仅是在某种意义上的局部最优解。贪心算法不是对所有问题都能得到整体最优解，但对范围相当广泛的许多问题它能产生整体最优解或者是整体最优解的近似解。

对本问题而言,使用贪心算法求解就是采用最长时间优先(LPT)的简单调度策略。即作业按其所需时间的递减顺序排列,在分配一个作业时,将其分配给最先变为空闲的机器。

首先,设计该算法的存储结构。

(1) 为每个机器设计数据类型:

```
struct MachineNode
{
    int ID;                        //机器号
    int avail;                     //机器已用时刻
};
```

(2) 为每个作业设计数据类型:

```
struct JobNode
{
    int ID;                        //作业号
    int time;                      //处理时间
};
```

其次,对机器调度算法的输入进行初始化:初始化 $m$ 台机器的机器号和已用时间;以及初始化 $n$ 个作业所需的时间。初始化分为两步:

步骤 1:初始化 $m$ 台机器。

```
void InitMachine(MachineNode * pMachine, int m)
{
    for(int i = 0;i < m;i + + )          //初始化 m 台机器
    {
        pMachine [i].ID = i + 1;
        pMachine [i].avail = 0;
    }
}
```

步骤 2:初始化 $n$ 个作业。

```
void InitJobs(int jobs[],JobNode * pJob, int n)
{
    for(int i = 0;i < n;i + + )          //初始化 n 个作业
    {
        pJob [i].ID = i + 1;
        pJob [i].time = jobs[i];
    }
}
```

最后,关键机器调度算法如何体现采用最长时间优先(LPT)的简单调度策略。算法思想如下:

(1) 将 $n$ 个作业 pJob[1..$n$] 按处理时长从大到小排序。

（2）从 $i = 0$ 开始遍历这 $n$ 个作业：

① 寻找当前第 1 台空闲机器 $j$；

② 将作业 pJob[$i$] 分配给该机器；

③ $i++$。

（3）比较每一台机器的总处理时间，将用时最大的时间输出。

示例代码如下：

```
int Scheduling(MachineNode * pMachine, int m, JobNode * pJob, int n)
{
    int nMachineID;                    //记录当前最先空闲的机器 ID
    SortJobByTime(pJob,n);             //按作业时间从大到小排序
    for(int i = 0;i < n;i++)
    {
        nMachineID = 1;                //记录当前最先空闲的机器 ID
        for(int j = 1;j < m;j++)
            if(pMachine[nMachineID - 1].avail > pMachine[j].avail)
                nMachineID = j + 1;
        pMachine[nMachineID - 1].avail + = pJob[i].time;
        cout <<"机器"<< nMachineID <<\t'
            <<"处理作业"<< pJob[i].ID <<"处理时间"<< pJob[i].time << endl;
    }
    nMachineID = 1;
    for(int j = 1;j < m;j++)
        if(pMachine[nMachineID - 1].avail < pMachine[j].avail)//寻找用时最长的机器
            nMachineID = j + 1;
    returnpMachine[nMachineID - 1].avail;
}
```

注意：关于 SortJobByTime(pJob,n)；按作业时间从大到小排序的算法，下面给出一个简单的使用冒泡排序实现的算法，请根据本章的排序知识使用不同的方法实现该函数，比如可以使用 STL 中的 sort() 函数实现。

```
void SortJobByTime(JobNode * pJob,int n)
{
    for(int i = 0;i < n - 1;i++)
        for(int j = 0;j < n - i - 1;j++)
        {
            if(pJob[j].time < pJob[j + 1].time)
            {
                JobNode t = pJob[j];
                pJob[j] = pJob[j + 1];
                pJob[j + 1] = t;
```

```
        }
      }
}
```

最后,编写测试函数测试机器调度算法。

```
void main()
{
    int m = 3, n = 7;
    int jobs[] = {2, 14, 4, 16, 6, 5, 3};                //测试数据
    MachineNode * pMachine = new MachineNode[m];
    JobNode  * pJob = new JobNode[n];
    InitMachine(pMachine,m);
    InitJob(jobs,pJob,n);
    int time = Scheduling(pMachine ,m,pJob,n);
    cout <<"总调度时间为:"<< time << endl;
    delete []pMachine;           //释放机器内存
    delete []pJob;               //释放作业的内存
}
```

运行结果如图 2-2-10 所示,可以看到每台机器所承担的作业号以及该作业的处理时间。运行结果的逻辑表示如图 2-2-11 所示。

图 2-2-10　运行结果

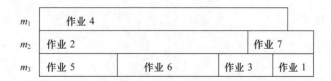

图 2-2-11　运行结果的逻辑表示

本实验中的关键机器调度算法 Scheduling 的时间复杂度由两部分组成:作业排序的最低时间复杂度 $O(n\log n)$;作业调度的时间复杂度 $O(n * m)$。这两部分中最大的那个就是机器调度算法的时间复杂度。

◎ ◎ ◎ ◎ 　第3篇　◎ ◎ ◎

# 课 程 设 计

# 课程设计 I
# 动态内存管理

编写动态内存管理算法,可模拟操作系统完成内存的动态申请与释放。

要求:

- 设计动态内存管理类;
- 提供申请内存接口;
- 提供释放内存接口;
- 编写测试 main()函数测试算法的正确性。

## 1.1　概　　述

动态内存管理是操作系统的基本功能之一,配套教材《数据结构与算法》在 2.7 小节进行了简单的介绍。本课程设计将分析实现原理,给出具体的实现方法。

通常,将内存池中的空闲块通过双向链表链接起来,每个空闲块相当于一个结点。无论是空闲块和占用块,通常在其两端设置块边界,表示该空闲块可分配的空间大小,图 3-1-1 给出了空闲块和占用块的结构示意图。为了区分空闲块和占用块,一般将占用块的块边界设置为负数,其绝对值表示已分配的空间大小。对于占用块还需注意,分配给用户的内存空间首地址并非占用块的首地址,在图 3-1-1(b)中已经标出这两个地址。

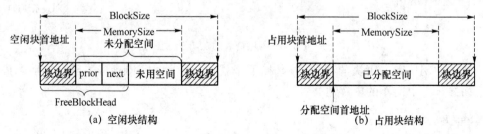

图 3-1-1　空闲内存块与占用内存块结构示意图

## 1.2　相关数据结构

首先给出块边界结构的 C++结构类型描述。

```
struct BlockBorder
{
    int BlockLength;
    bool Free(){return BlockLength > 0? true:false;}
    int MemorySize(){return BlockLength > 0? BlockLength: - BlockLength;}
    int BlockSize(){return MemorySize() + 2 * sizeof(int);}
};
```

在该结构的成员中,Free 函数表示该块是否为空闲块,若是空闲块,则返回 true;MemorySize 函数返回该块可分配或已分配的内存空间大小;BlockSize 函数返回整个块的大小,在图 3-1-1 中也已经标出。

对于空闲块结构,块边界与指针域可以构成一个新的结构,定义为 FreeBlockHead,将其作为结构类型 BlockBeorder 的派生类。该结构中,除了继承基类的 BlockLength 成员,还有 prior 和 next 成员,分别指向内存池中前一个和后一个空闲块。

空闲块结构定义如下:

```
struct FreeBlockHead:public BlockBorder              //空闲块头
{
    FreeBlockHead * prior;                           //指向前一个空闲块
    FreeBlockHead * next;                            //指向后一个空闲块
};
```

图 3-1-2 给出了内存池中空闲块链表的逻辑示意图。

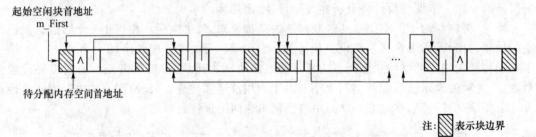

图 3-1-2　空闲块链表的逻辑示意图

了解了空闲块和占用块的存储结构,接下来就可以设计内存池类,实现用户动态内存分配。下面给出一个简单的内存池类。

```
class MemoryPool                                     //内存池类
{
public:
    MemoryPool(unsignedint size);                    //构造函数
    ~MemoryPool();                                   //析构函数
    void * Allocate(int size);                       //动态分配内存
    void Free(void * p);                             //释放被分配的内存
private:
```

```
        void InsertFreeBlock(void * p,int size);//设置空闲块并插入到空闲块链表中
        void SetUsedBorder(void * p,int size);        //设置占用块
        void DeleteFreeBlock(FreeBlockHead * p);    //将空闲块从空闲块链表中删除
        //得到已分配的内存地址 p 所在块的前一内存块地址
        BlockBorder * GetPreBlock(void * p);
        //得到已分配的内存地址 p 所在块的后一内存块地址
        BlockBorder * GetNextBlock(void * p);
        //得到已分配的内存地址 p 所在占用块的地址
        BlockBorder * GetCurrentBlock(void * p);
        char * m_Base;                                //内存池的基址
        unsignedint m_PoolSize;                        //内存池的空间大小
        FreeBlockHead * m_First;                        //起始空闲块
};
```

该类主要提供 Allocate 和 Free 函数用于内存的动态分配和回收，数据成员 m_Base 和 m_PoolSize 存储内存池的基址和空间大小，m_First 指向内存池的第一个起始空闲块。

## 1.3　相关算法设计

### 1. 构造函数与析构函数设计

MemoryPool 类的构造函数完成内存池的建立，并构造空闲块链表。其定义如下：

```
MemoryPool::MemoryPool(unsignedint size)
{
    if(size<=100)throw~size should be greater than 100.~;
    m_Base = newchar [size];                        //建立内存池空间
    if(! m_Base) throw~no enough memory.~;
    m_PoolSize = size;
    m_First = NULL;                                //初始化起始空闲块指针
    //建立空闲块并加入到空闲块链表
    InsertFreeBlock(m_Base,size-2*sizeof(BlockBorder));
}
```

构造函数中调用了 InsertFreeBlock 函数，完成空闲块的建立并将其加入到空闲块链表中。其定义如下：

```
void MemoryPool::InsertFreeBlock(void * p,int size)
{
    FreeBlockHead * s = (FreeBlockHead * )p;
    s->BlockLength = size;                        //设置块首的块边界
    p = (char * )p + size + sizeof(BlockBorder);    //p指向块尾的块边界
```

```
    ((BlockBorder *)p)->BlockLength=size;    //设置块尾的块边界
    //将新空闲块插入到空闲块链表的第一个结点
    if(m_First)m_First->prior=s;
    s->next=m_First;
    s->prior=NULL;
    m_First=s;
}
```

该类的析构函数只需要完成内存池空间的释放,定义如下:

```
MemoryPool::~MemoryPool()
{
    if(m_Base)delete [] m_Base;
}
```

### 2. 动态内存分配操作算法设计

下面分析动态内存分配操作的实现。当用户申请内存空间时,内存池在分配空间时主要有以下几种策略。

- 最佳拟合策略:在所有空闲块中找出其大小最接近用户要求的块进行分割,然后分配。
- 最差拟合策略:在所有空闲块中找出最大的块进行分割,然后分配。
- 最先拟合策略:一旦找到满足用户要求的块就进行分割,然后分配。

三种分配策略各有利弊,在本例中选择最先拟合策略进行内存分配。对空闲块进行分割和分配的示意图如图 3-1-3 所示。在分割时,可以将分配空间放在前面或后面,示意图中将其放在原空间的后半部分。

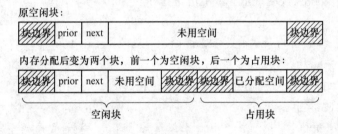

图 3-1-3  空闲块分配示意图

若空闲块可分配空间的大小等于申请空间的大小,则不需要进行分割,而是直接将其完全分配。若其大小稍大于申请空间的大小,则也不需要对其分割。这是因为如果进行分割,剩余的块太小,不能构成一个空闲块结构。图 3-1-4 进行了示意,显然,当可分配空间小于等于申请空间的大小+最小空闲块大小〔即 sizeof(FreeBlockHead)+sizeof(BlockBorder)〕时,可将空闲块完全分配。

通过以上分析,下面给出动态内存分配操作的伪代码:

① 如果没有空闲块,不能进行内存分配,返回空地址。

② 采用最先拟合策略查找可用的空闲块。

③ 如果无可用空闲块,不能进行内存分配,返回空地址。

④ 若找到的空闲块等于或稍大于用户申请的空间大小,则将整个空闲块完全分配,具体

分配操作如下：

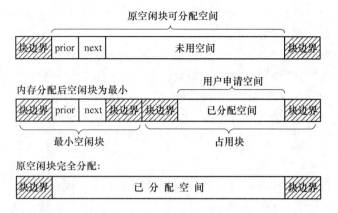

图 3-1-4　空闲块完全分配示意图

a. 将该空闲块从链表中删除；

b. 设置该块为占用块；

c. 返回该块中分配给用户的空间首地址。

⑤ 否则，将空闲块一分为二，前半段仍为空闲块，后半段设置为占用块。具体操作如下：

a. 将原空闲块从链表中删除；

b. 将空间减小的新空闲块插入到链表中；

c. 设置占用块；

d. 返回占用块中分配给用户的空间首地址。

动态内存分配函数的 C++实现如下：

```
void * MemoryPool::Allocate(int size)    //为用户分配 size 大小的内存空间
{
    //如果没有空闲块,返回 NULL
    if(m_First == NULL)return NULL;
    //查找可以用的空闲块,若找不到则返回 NULL
    FreeBlockHead * p = m_First;
    while(p && p->MemorySize()< size) p = p->next;
    if(! p)return NULL;
    //已找到可用的空闲块,地址为 p
    //若找到的空闲块在为用户分配 size 大小的空间后,剩余内存不能构成一个空
    //闲块,则将整个空闲块全部分配
    if(p->MemorySize()<= size + sizeof(FreeBlockHead) + sizeof(BlockBorder))
    {
        DeleteFreeBlock(p);                //将空闲块从链表中删除
        SetUsedBorder(p,p->BlockLength);
        //设置占用块,大小为原空闲块大小,而不是 size
        return (char *)p + sizeof(BlockBorder);
    }
```

```
        else{                      //将空闲块一分为二,前半段仍为空闲块,后半段为占用块
            int newsize = p->MemorySize() - size - 2 * sizeof(BlockBorder);
            //计算新空闲块大小
            DeleteFreeBlock(p);                    //将原空闲块从链表中删除
            InsertFreeBlock(p,newsize);            //将新空闲块插入到链表中
            SetUsedBorder((char *)p + p->BlockSize(),size);        //设置占用块
            return (char *)p + p->BlockSize() + sizeof(BlockBorder);
        }
    }
```

在动态内存分配函数中,不但调用 InsertFreeBlock 函数实现空闲块的建立并将其插入到空闲块链表中,还调用 DeleteFreeBlock 函数和 SetUsedBorder 函数。DeleteFreeBlock 函数完成了从链表中将空闲块删除的操作,在实现时要考虑空闲块在链表中的位置,例如,块在链表头和链表尾的操作是有区别的。该函数定义如下:

```
void MemoryPool::DeleteFreeBlock(FreeBlockHead * p)//将首地址为 p 的空闲块从链
表中删除
{
    if(! p->next && ! p->prior) {          //p 是唯一的空闲块
        m_First = NULL;                    //该块删除后,链表为空
    }
    else if(! p->next && p->prior) {       //p 是最后一个空闲块
        p->prior->next = NULL;//该块删除后,前一个块变为最后一个空闲块
    }
    else if(! p->prior){                   //p 是第一个空闲块
        p->next->prior = NULL;             //该块删除后,后一个块变为第一个空闲块
        m_First = p->next;                 //起始空闲块指针指向后一个块
    }
    else{                                  //p 是中间一个空闲块,完成摘链操作
        p->next->prior = p->prior;
        p->prior->next = p->next;
    }
}
```

SetUsedBorder 函数的功能是将指定地址和长度的内存空间设置为占用块。其定义如下:

```
//将首地址为 p,长度为 size 的内存空间设置为占用块
void MemoryPool::SetUsedBorder(void * p,int size)
{
    ((BlockBorder *)p)->BlockLength = - size;
                                //设置块首的块边界为分配空间大小的相反数
    p= (char *)p+ sizeof(BlockBorder)+ size;
                                //移动 p 指向块尾的块边界
```

```
    ((BlockBorder * )p)->BlockLength=- size;        //设置块尾的块边界
}
```

### 3. 动态内存回收操作算法设计

当用户不再使用申请的内存时,需要调用 Free 函数将其释放,所在占用块由内存池进行回收。在回收时,若该块的后一个内存块为空闲块,则两空闲块进行合并;若该块的前一个内存块为空闲块,则两空闲块也进行合并;否则,将该块设置为空闲块,并添加到空闲块链表中。其 C++代码实现如下:

```cpp
void MemoryPool::Free(void * p)                    //完成内存释放
{
    BlockBorder * currentBlock = GetCurrentBlock(p);//获得当前内存块的首地址
    BlockBorder * nextBlock = GetNextBlock(p);    //获得后一个内存块的首地址
    if(nextBlock && nextBlock->Free())            //若后一个内存块为空闲块,合并
    {
        DeleteFreeBlock((FreeBlockHead * )nextBlock);
        InsertFreeBlock(currentBlock,
                currentBlock->MemorySize() + nextBlock->BlockSize());
    }
    BlockBorder * preBlock = GetPreBlock(p);         //获得前一个内存块的首地址
    if(preBlock && preBlock->Free()) //若前一个内存块为空闲块,则进行合并
    {
        DeleteFreeBlock((FreeBlockHead * )preBlock);
         InsertFreeBlock(preBlock, preBlock->MemorySize() + currentBlock->
BlockSize());
    }
    else{                              //设置当前块为空闲块,并加入到链中
        InsertFreeBlock(currentBlock,currentBlock->MemorySize());
    }
}
```

Free 函数中还分别调用了 GetCurrentBlock,GetNextBlock 和 GetPreBlock 三个函数,三个函数均返回某个内存块的首地址。其中,GetCurrentBlock 返回的是用户申请内存所在占用块的首地址,GetNextBlock 返回的是下一个内存块的首地址,GetPreBlock 返回的是前一个内存块的首地址。图 3-1-5 中分别给出了返回地址的示意图。

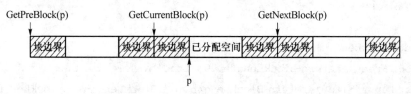

图 3-1-5　GetCurrentBlock,GetNextBlock 和 GetPreBlock 三个函数返回地址

下面分别给出以上三个函数的实现：

```
BlockBorder * MemoryPool::GetCurrentBlock(void * p)
{
    return (BlockBorder * )((char * )p - sizeof(BlockBorder));
}
BlockBorder * MemoryPool::GetPreBlock(void * p)
{
    char * cp = (char * )GetCurrentBlock(p);
    if(cp == m_Base) return NULL;                    //当前结点为内存池中第一个块
    else{
        int len = * (int * )(cp - sizeof(BlockBorder));    //得到前一内存块块边界的值
        cp -= 2 * sizeof(BlockBorder) + (len < 0? - len:len); //cp 指向前一内存块
        return (BlockBorder * )cp;
    }
}
BlockBorder * MemoryPool::GetNextBlock(void * p)
{
    BlockBorder * bp = GetCurrentBlock(p);
    char * cp = (char * )bp + bp -> BlockSize();        //cp 指向下一个内存块
    return (cp == m_Base + m_PoolSize)? NULL:(BlockBorder * )cp;
}
```

以上操作实现了通过内存池进行动态内存分配和回收的简单操作。此外，在此基础上还可以设计更为复杂的操作。

# 1.4 系统算法实现

通过前面的算法分析，便可以设计实现相应的类，完成动态内存的申请和释放。下面给出具体代码。

**1. 类的声明头文件**

BlockBorder 和 FreeBlockHead 两个结构类型，以及类 MemoryPool 的声明全部放在头文件 MemoryPool.h 中。文件内容如下：

```
struct BlockBorder
{
    int BlockLength;
    bool Free(){return BlockLength > 0? true:false;}
    int MemorySize(){return BlockLength > 0? BlockLength: - BlockLength;}
    int BlockSize(){return MemorySize() + 2 * sizeof(int);}
};
```

```
struct FreeBlockHead: public BlockBorder              //空闲块头
{
    FreeBlockHead * prior;                            //指向前一个空闲块
    FreeBlockHead * next;                             //指向后一个空闲块
};
class MemoryPool                                       //内存池类
{
public:
    MemoryPool(unsignedint size);                    //构造函数
    ~MemoryPool();                                    //析构函数
    void * Allocate(int size);            //动态分配内存
    void Free(void * p);                  //释放被分配的内存
private:
    void InsertFreeBlock(void * p,int size);  //设置空闲块并插入到空闲块链表中
    void SetUsedBorder(void * p,int size);    //设置占用块
    void DeleteFreeBlock(FreeBlockHead * p);  //将空闲块从空闲块链表中删除
    BlockBorder * GetPreBlock(void * p);   //得到已分配的内存地址 p 所在块的前
                                                       一内存块地址
    BlockBorder * GetNextBlock(void * p);  //得到已分配的内存地址 p 所在块的后一
                                                       内存块地址
    BlockBorder * GetCurrentBlock(void * p);//得到已分配的内存地址 p 所在占用块
                                                       的地址
    char * m_Base;                        //内存池的基址
    unsignedint m_PoolSize;               //内存池的空间大小
    FreeBlockHead * m_First;              //起始空闲块
};
```

## 2. 类中成员函数的实现

类的成员函数的实现在 MemoryPool.cpp 文件中。文件内容如下：

```
# include"MemoryPool.h"
# include"iostream"
usingnamespace std;
MemoryPool::MemoryPool(unsignedint size)
{
    if(size <= 100)throw"size should be greater than 100.";
    m_Base = newchar [size];                 //建立内存池空间
    if(! m_Base) throw"no enough memory.";
    m_PoolSize = size;
    m_First = NULL;
    InsertFreeBlock(m_Base,size - 2 * sizeof(BlockBorder));     //建立第一个空闲块
```

```
}
void MemoryPool::InsertFreeBlock(void * p,int size)
{
    FreeBlockHead * s = (FreeBlockHead * )p;
    s -> BlockLength = size;                    //设置块首的块边界
    p = (char * )p + size + sizeof(BlockBorder);  //p指向块尾的块边界
    ((BlockBorder * )p) -> BlockLength = size;   //设置块尾的块边界
    //将新空闲块插入到空闲块链表的第一个结点
    if(m_First) m_First -> prior = s;
    s -> next = m_First;
    s -> prior = NULL;
    m_First = s;
}
void MemoryPool::DeleteFreeBlock(FreeBlockHead * p)//将首地址为p的空闲块从链
                                                表中删除
{
    if(!p -> next && !p -> prior) {          //p是唯一的空闲块
        m_First = NULL;//该块删除后,链表为空
    }
    elseif(!p -> next && p -> prior) {       //p是最后一个空闲块
        p -> prior -> next = NULL;//该块删除后,前一个块变为最后一个空闲块
    }
    elseif(! p -> prior){                    //p是第一个空闲块
        p -> next -> prior = NULL;            //该块删除后,后一个块变为第一个空闲块
        m_First = p -> next;                  //起始空闲块指针指向后一个块
    }
    else{                                    //p是中间一个空闲块,完成摘链操作
        p -> next -> prior = p -> prior;
        p -> prior -> next = p -> next;
    }
}
void MemoryPool::SetUsedBorder(void * p,int size)//将首地址为p,长度为size的内存空
                                              间设置为占用块
{
    ((BlockBorder * )p) -> BlockLength = - size;//设置块首的块边界为分配空间大小的
                                              相反数
    p = (char * )p + sizeof(BlockBorder) + size;  //移动p指向块尾的块边界
    ((BlockBorder * )p) -> BlockLength = - size;  //设置块尾的块边界
}
void * MemoryPool::Allocate(int size)          //为用户分配size大小的内存空间
```

```
{
    //如果没有空闲块,返回 NULL
    if(m_First == NULL) return NULL;
    //查找可以用的空闲块,若找不到则返回 NULL
    FreeBlockHead * p = m_First;
    while(p && p->MemorySize()< size) p = p->next;
    if(! p)return NULL;
    //已找到可用的空闲块,地址为 p
    //若找到的空闲块在为用户分配 size 大小的空间后,剩余内存不能构成一个空闲
       块,则将整个空闲块全部分配
    if(p->MemorySize()<= size + sizeof(FreeBlockHead) + sizeof(BlockBorder)){
        DeleteFreeBlock(p);         //将空闲块从链表中删除
        SetUsedBorder(p,p->BlockLength);//分配空间大小实际上为 p->Block-
                                          Length,而不是 size
        return (char *)p + sizeof(BlockBorder);
    }
    else{                      //将空闲块一分为二,前半段仍为空闲块,后半段为占用块
        int newsize = p->MemorySize() - size - 2 * sizeof(BlockBorder);
                                    //计算新空闲块大小
        DeleteFreeBlock(p);         //将原空闲块从链表中删除
        InsertFreeBlock(p,newsize);   //将新空闲块插入到链表中
        SetUsedBorder((char *)p + p->BlockSize(),size);        //设置占用块
        return (char *)p + p->BlockSize() + sizeof(BlockBorder);
    }
}
BlockBorder * MemoryPool::GetCurrentBlock(void * p)
{
    return(BlockBorder *)((char *)p - sizeof(BlockBorder));
}
BlockBorder * MemoryPool::GetPreBlock(void * p)
{
    char * cp = (char *)GetCurrentBlock(p);
    if(cp == m_Base) return NULL;     //当前结点为内存池中第一个块
    else{
        int len = *(int *)(cp - sizeof(BlockBorder));
        cp -= 2 * sizeof(BlockBorder) + (len<0? -len:len);
        return (BlockBorder *)cp;
    }
}
BlockBorder * MemoryPool::GetNextBlock(void * p)
```

```
{
    BlockBorder * bp = GetCurrentBlock(p);
    char * cp = (char *)bp + bp->BlockSize();  //cp指向下一个内存块
    return (cp == m_Base + m_PoolSize)? NULL:(BlockBorder *)cp;
}
void MemoryPool::Free(void * p)                          //完成内存释放
{
    BlockBorder * currentBlock = GetCurrentBlock(p);//获得当前内存块的首地址
    BlockBorder * nextBlock = GetNextBlock(p);    //获得后一个内存块的首地址
    if(nextBlock && nextBlock->Free())            //后一个内存块为空闲块,合并
    {//设置当前块为空闲块,并加入到空闲块链中
        int size = nextBlock->BlockSize();
        DeleteFreeBlock((FreeBlockHead *)nextBlock);
        InsertFreeBlock(currentBlock,currentBlock->MemorySize() + size);
    }
    BlockBorder * preBlock = GetPreBlock(p);     //获得前一个内存块的首地址
    if(preBlock && preBlock->Free())              //前一个内存块为空闲块,则进行合并
    {
        DeleteFreeBlock((FreeBlockHead *)preBlock);
        InsertFreeBlock(preBlock,preBlock->MemorySize() + currentBlock->
        BlockSize());
    }
    else{                                         //设置当前块为空闲块,并加入到链中
        InsertFreeBlock(currentBlock,currentBlock->MemorySize());
    }
}
MemoryPool::~MemoryPool()
{
    cout << m_First << endl;
    cout << "size:" << m_First->MemorySize ()<< endl;
    if(m_Base) delete [] m_Base;
}
```

**3. 测试程序的实现**

下面给出使用 MemoryPool 类进行内存申请和释放的例程,代码如下:

```
#include"MemoryPool.h"
#include"iostream"
usingnamespace std;
int main()
{
```

```
MemoryPool a(256);
try{
    char * p = (char *)a.Allocate (180);
    cout <<(void *)p << endl;
    if(p)a.Free (p);
    p = (char *)a.Allocate (12);//20
    cout <<(void *)p << endl;
    char * p1p = (char *)a.Allocate (92);//100
    cout <<(void *)p1p << endl;
    char * p1 = (char *)a.Allocate (12);//136
    cout <<(void *)p1 << endl;
    a.Free(p1);
    a.Free(p1p);
    a.Free(p);
}
catch(char * s){
    cout << s << endl;
}
return 0;
}
```

## 1.5　总　　结

　　本课程设计通过双向链表技术设计空闲内存块存储机制,完成 MemoryPool 类的设计,实现了动态内存的申请和释放。读者也可以继续完善,如实现可重新分配内存的ReAlloc功能、越界判断等功能。此外,本类也可以直接应用于实际的系统开发中。

# 课程设计2
# 华容道游戏求解

编写华容道游戏求解算法,能够实现以下功能:

- 可以输入华容道游戏的起始布局;
- 根据游戏起始布局,给出求解结果;

## 2.1 概 述

中国的华容道与起源于匈牙利的魔方、起源于法国的独立钻石棋并称为智力游戏界的三个不可思议。华容道的初始状态有很多,最为流行的一种初始布局俗称横刀立马,如图 3-2-1 所示。

图中棋子共有 10 个,滑动棋子,把曹操移到正下方出口即为求解结束。日本藤村幸三郎曾在《数理科学》杂志上发表华容道基本布局的最少步法为 85 步。后来清水达雄找出更少的步法为 83 步。美国著名数学家马丁·加德纳又进一步把它减少为 81 步,这也是该布局的最优解。下面我们将设计算法通过计算机运算得到从初始状态到最终状态的 82 个状态图(即有 81 步滑动)。

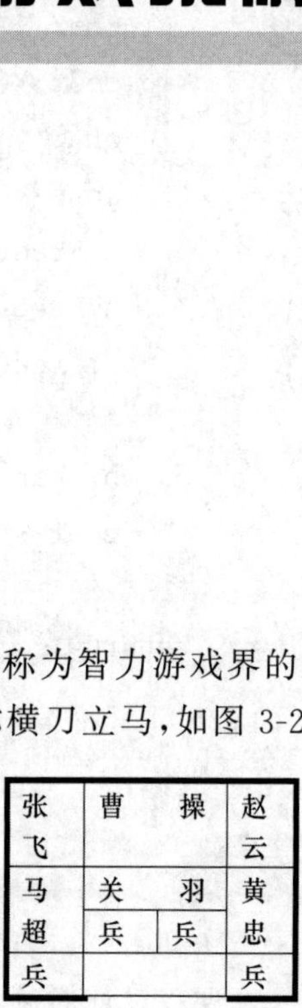

| 张飞 | 曹操 | | 赵云 |
|---|---|---|---|
| 马超 | 关 | 羽 | 黄忠 |
| 兵 | 兵 | 兵 | |
| 兵 | | | 兵 |

图 3-2-1 华容道初始横
刀立马布局

## 2.2 算法概要设计

华容道游戏的棋盘可看成是由 20 个小正方形组成,五行四列,共有 10 个棋子。其中五个棋子为张飞、赵云、马超、黄忠和关羽,每个棋子占两格,可以是横的,也可以是竖的。还有四个棋子为兵,各占一格。另一个棋子为曹操,占四格,形状为正方形。棋盘的下部有两个空置的小格,作为华容道的出口。

首先进行布局的数据结构设计。可建立一个 5×4 的二维字符数组当作棋盘,设为 char grid[5][4]。除关羽以外的其他四位将领都是竖立的,表示其为 'G'(general)。关羽是横着的,命名 'H'(横),曹操为 'C',其他兵则为 'S'(soldier),空格为 'B'(blank)。令每个棋子以在棋盘中的左上角的坐标来标识,每个棋子所占的其余部分设置为 '0'。

这样,初始横刀立马布局可以表示为如下:

'G','C','O','G',

'O','O','O','O',

'G','H','O','G',

'O','S','S','O',

'S','B','B','S',

通过不断地滑动,当 grid[3][1]=='C'时,求解结束。为了打印出从开始到结束所有的操作,在存储每个步骤的布局时,还需要存储到达该步骤的前一个状态时的布局。因此,每个状态的布局结构可定义为如下:

```
struct G{
    char grid[5][4];        //当前状态的布局
    char father[5][4];      //到达当前状态的前一个状态的布局
};
```

对于此类问题的求解,一般都是通过搜索解空间的方法获得可行的解法。这里采用广度优先搜索。理论上讲,广度优先算法得到的第一个解,一定是一个搜索步数最少的解(如果有解存在),这正好是华容道游戏需要的。

广度优先搜索算法一般通过队列存储结构实现。由当前布局状态判断哪些棋子可以移动,每移动一个棋子,得到一个新的布局状态,若不是最终解且该布局以前没有出现过,则入队。显然算法在设计细节时需要考虑移动棋子的算法,以及如何判断新的布局状态是否出现过。

移动棋子的算法相对简单,但需要对每种棋子分别设计处理方式。例如:

对于"曹操",只有上下左右任意一个方向上的 2 个位置都为'B',才可移动。

对于竖立的将领,上下任意一个方向上的 1 个位置为'B',就可移动。且若两个'B'为上下相邻,则棋子既可以移动 1 个位置,也可以移动 2 个位置。此外,若左右任意一个方向上的 2 个位置都为'B',也可移动。

对于横向的关羽,上下任意一个方向上的 2 位置为'B',就可移动,左右任意一个方向上的 1 个位置为'B',也可移动。且若两个'B'为左右相邻,则棋子既可以移动 1 个位置,也可以移动 2 个位置。

对于"兵"的走法稍微复杂,以上方为'B'为例,可向上移动 1 个位置。若'B'的左侧还是'B',则该步滑动既可以向上滑动 1 个位置,也可以为先向上,再向左滑动 2 个位置。若'B'的上侧还是'B',则该步滑动既可以向上滑动 1 个位置,也可以为向上滑动 2 个位置。若'B'的右侧还是'B',则该步滑动既可以向上滑动 1 个位置,也可以为先向上,再向右滑动 2 个位置。同理,"兵"的下、左、右方为'B'时要考虑可能有几种不同的滑动方法。

判断新的布局状态是否出现过,是典型的查抄算法设计。既可以采用散列方法,也可以采用二叉树存储的方法。本例中,直接采用了 STL 的 set 类,虽然 set 类采用改进的二叉树存储结构,效率较散列方法稍低一些,但是使用比较方便。

根据上述分析,下面给出算法描述。

(1) 初始化布局对列

(2) 初始化布局集合

（3）当前布局入队

（4）若队列不为空，则进行循环：

① 布局出队作为当前布局

对于当前布局每个棋子：

② 若棋子可移动，则：进行移动，产生新的布局

③ 若布局是最终结果，则打印移动结果

④ 若布局之前在集合中不存在，则：

a. 设置该布局的上一步布局标志

b. 该布局入队

c. 该布局入集合

# 2.3  算法详细设计

**1. 每个状态的布局结构定义**

每个状态的布局结构可以定义为：

```
struct G{
    char grid[5][4];        //当前状态的布局
    char father[5][4];      //到达当前状态的前一个状态的布局
};
```

考虑到在 set 集合中进行搜索时要定义状态的大小，还需要如下定义：

```
bool operator <(const G &a,const G & b)
{
    return memcmp(a.grid[0],&b.grid[0],20)< 0;
}
```

**2. 棋子的移动**

考虑到有些棋子一次可能有 2 种移动方式，设计 Move 函数返回移动方式的数目，参数 newg 指针指向为移动后的状态数组，每个元素为一种移动后的布局。下面只给出了兵上移的情况，其他情况同理处理。

```
//移动当前布局状态 g 在(i,j)上的棋子,返回值为下一步布局状态的数量
//下一步布局状态的结果存储到 newg 数组中
intMove(G &g, inti, int j, G * newg)
{
    //兵上移 U
    if(g.grid[i][j] == 'S' &&i! = 0 &&g.grid[i-1][j] == 'B')
    {
        GetNextG(&newg[0],&g,sizeof(G));
        Slide(newg[0].grid, g.grid,i,j, - 1,0,1,1);
        intnum = 1;
```

```
if(i > 1&&g.grid[i - 2][j] == 'B'){//UU
    GetNextG(&newg[1],&g,sizeof(G));
    Slide(newg[1].grid, g.grid,i,j, - 2,0,1,1);
    num ++;
}
else if(j! = 0 &&g.grid[i - 1][j - 1] == 'B'){//UL
    GetNextG(&newg[1],&g,sizeof(G));
    Slide(newg[1].grid, g.grid,i,j, - 1, - 1,1,1);
    num ++;
}
else if(j < 3&&g.grid[i - 1][j + 1] == 'B'){//UR
    GetNextG(&newg[1],&g,sizeof(G));
    Slide(newg[1].grid, g.grid,i,j, - 1,1,1,1);
    num ++;
}
return num;
}
//···其他情况的处理不再阐述
}
```

### 3. 棋子滑动一步的操作

设布局状态 o 在 $(i,j)$ 有可移动的棋子,其高和宽分别为 width 和 height,若其滑动一步,达到新状态 n。设滑动在垂直方向上和水平方向上的滑动距离 h_distance 和 w_distance,其中 h_distance 为负值表示向上滑动,w_distance 为负值表示向左滑动。

滑动操作可以分为 2 个步骤,首先将原来棋子所占据的位置全部置空,即设为'B',然后将滑动后棋子所占据的位置全部设置为原来棋子的对应数值。代码如下:

```
void Slide (char ( * n)[4], char ( * o)[4], int i,int j,int h_distance, int w_dis-
tance,
int height, int width)
{
    int p;
    for(p = 0;p < height;p ++){
        for(int q = 0;q < width;q ++){
            n[i + p][q + j] = 'B';
        }
    }
    for(p = 0;p < height;p ++){
        for(int q = 0;q < width;q ++){
            n[i + p + h_distance][q + j + w_distance] = o[i + p][j + q];
        }
```

```
    }
}
```

有了以上分析,不难得到算法的最终代码。

## 2.4 算法实现

下面给出完整的算法实现和测试程序。

**1. 算法实现**

算法实现代码如下:

```
#include "iostream"
#include "set"
#include "stack"
#include "queue"
#include "memory.h"
using namespace std;

struct G{
    char grid[5][4];        //当前状态的布局
    char father[5][4];      //到达当前状态的前一个状态的布局
};

bool operator <(const G&a,const G & b)
{
    returnmemcmp(a.grid[0],b.grid[0],20)< 0;
}
//布局状态o在(i,j)上的棋子滑动一步,达到新状态n
//h_distance,w_distance分别表示垂直方向和水平方向上的滑动距离
//h_distance为负值表示向上滑动
//w_distance为负值表示向左滑动
//height和width分别表示在(i,j)上的棋子的高度和宽度
void Slide (char ( * n)[4], char ( * o)[4], int i,int j,int h_distance,
int w_distance, int height, int width)
{
    int p;
    for(p = 0;p< height;p + + ){
        for(int q = 0;q< width;q + + ){
            n[i+p][q+j] = 'B';
        }
```

```
        }
    for(p = 0;p < height;p ++ ){
        for(int q = 0;q < width;q ++ ){
            n[i + p + h_distance][q + j + w_distance] = o[i + p][j + q];
        }
    }
}
//复制前一步的布局 oldg 到新的布局状态 newg
voidGetNextG(G * newg, const G * oldg, int size)
{
    memcpy(newg -> grid , oldg -> grid, size/2);
    memcpy(newg -> father, oldg -> grid, size/2);
}
//移动当前布局状态 g 在(i,j)上的棋子,返回值为下一步布局状态的数量
//下一步布局状态的结果存储到 newg 数组中
int Move(G & g, inti, int j, G * newg)
{
    if(g. grid[i][j] == '0') return 0;
    //曹操或关羽上移操作
    if((g. grid[i][j] == 'C'||g. grid[i][j] == 'H') &&i! = 0
      &&g. grid[i - 1][j] == 'B' &&g. grid[i - 1][j + 1] == 'B')
    {
        GetNextG(&newg[0],&g,sizeof(G));
        int h = 1;
        if(g. grid[i][j] == 'C')h = 2;
        Slide(newg[0]. grid, g. grid,i,j, - 1,0,h,2);
        return 1;
    }
    //曹操或关羽下移操作
    if(g. grid[i][j] == 'C'&&i < 3 &&g. grid[i + 2][j] == 'B' &&g. grid[i + 2][j + 1] == 'B'
       ||g. grid[i][j] == 'H'&&i < 4 &&g. grid[i + 1][j] == 'B'&&g. grid[i + 1][j + 1] == 'B')
    {
        GetNextG(&newg[0],&g,sizeof(G));
        int h = 1;
        if(g. grid[i][j] == 'C') h = 2;
        Slide(newg[0]. grid, g. grid,i,j,1,0,h,2);
        return 1;
    }
    //曹操或立将左移操作
    if((g. grid[i][j] == 'C'||g. grid[i][j] == 'G') && j! = 0
```

```
        &&g.grid[i][j-1] == 'B' &&g.grid[i+1][j-1] == 'B')
    {
        GetNextG(&newg[0],&g,sizeof(G));
        int w = 1;
        if(g.grid[i][j] == 'C') w = 2;
        Slide(newg[0].grid, g.grid,i,j,0,-1,2,w);
        return 1;
    }
    //曹操或立将右移操作
    if(g.grid[i][j] == 'C' && j < 2 &&g.grid[i][j+2] == 'B' &&g.grid[i+1][j+2] == 'B'
        ||g.grid[i][j] == 'G' && j < 3 &&g.grid[i][j+1] == 'B' &&g.grid[i+1][j+1] =
= 'B')
    {
        GetNextG(&newg[0],&g,sizeof(G));
        int w = 1;
        if(g.grid[i][j] == 'C') w = 2;
        Slide(newg[0].grid, g.grid,i,j,0,1,2,w);
        return 1;
    }
    //关羽左移操作
    if(g.grid[i][j] == 'H' && j! = 0 &&g.grid[i][j-1] == 'B')
    {
        GetNextG(&newg[0],&g,sizeof(G));
        Slide(newg[0].grid, g.grid,i,j,0,-1,1,2);
        intnum = 1;
        if(j > 1&&g.grid[i][j-2] == 'B'){
            GetNextG(&newg[1],&g,sizeof(G));
            Slide(newg[1].grid, g.grid,i,j,0,-2,1,2);
            num ++;
        }
        return num;
    }
    //关羽右移操作
    if(g.grid[i][j] == 'H' && j < 2 &&g.grid[i][j+2] == 'B')
    {
        GetNextG(&newg[0],&g,sizeof(G));
        Slide(newg[0].grid, g.grid,i,j,0,1,1,2);
        intnum = 1;
        if(j < 1&&g.grid[i][j+3] == 'B')        {//UU
            GetNextG(&newg[1],&g,sizeof(G));
```

```
        Slide(newg[1].grid, g.grid,i,j,0,2,1,2);
        num++;
    }
    return num;
}
//立将上移操作
if(g.grid[i][j]=='G'&&i!=0&&g.grid[i-1][j]=='B')
{
    GetNextG(&newg[0],&g,sizeof(G));
    Slide(newg[0].grid, g.grid,i,j,-1,0,2,1);
    intnum=1;
    if(i>1&&g.grid[i-2][j]=='B')    {//UU
        GetNextG(&newg[1],&g,sizeof(G));
        Slide(newg[1].grid, g.grid,i,j,-2,0,2,1);
        num++;
    }
    return num;
}
//立将下移操作
if(g.grid[i][j]=='G'&&i<3&&g.grid[i+2][j]=='B')
{
    GetNextG(&newg[0],&g,sizeof(G));
    Slide(newg[0].grid, g.grid,i,j,1,0,2,1);
    intnum=1;
    if(i<2&&g.grid[i+3][j]=='B'){//DD
        GetNextG(&newg[1],&g,sizeof(G));
        Slide(newg[1].grid, g.grid,i,j,2,0,2,1);
        num++;
    }
    return num;
}
//兵上移U
if(g.grid[i][j]=='S'&&i!=0&&g.grid[i-1][j]=='B')
{
    GetNextG(&newg[0],&g,sizeof(G));
    Slide(newg[0].grid, g.grid,i,j,-1,0,1,1);
    intnum=1;
    if(i>1&&g.grid[i-2][j]=='B')    {//UU
        GetNextG(&newg[1],&g,sizeof(G));
        Slide(newg[1].grid, g.grid,i,j,-2,0,1,1);
```

```
            num++;
        }
        else if  (j!=0 &&g.grid[i-1][j-1]=='B'){//UL
            GetNextG(&newg[1],&g,sizeof(G));
            Slide(newg[1].grid, g.grid,i,j,-1,-1,1,1);
            num++;
        }
        else if(j<3&&g.grid[i-1][j+1]=='B'){//UR
            GetNextG(&newg[1],&g,sizeof(G));
            Slide(newg[1].grid, g.grid,i,j,-1,1,1,1);
            num++;
        }
        return num;
    }
    //兵左移 L
    if(g.grid[i][j]=='S' && j!=0 &&g.grid[i][j-1]=='B')
    {
        GetNextG(&newg[0],&g,sizeof(G));
        Slide(newg[0].grid, g.grid,i,j,0,-1,1,1);
        intnum=1;
        if(i!=0&&g.grid[i-1][j-1]=='B'){//LU
            GetNextG(&newg[1],&g,sizeof(G));
            Slide(newg[1].grid, g.grid,i,j,-1,-1,1,1);
            num++;
        }
        else if(j>1 &&g.grid[i][j-2]=='B'){//LL
            GetNextG(&newg[1],&g,sizeof(G));
            Slide(newg[1].grid, g.grid,i,j,0,-2,1,1);
            num++;
        }
        else if(i<4&&g.grid[i+1][j-1]=='B'){//LD
            GetNextG(&newg[1],&g,sizeof(G));
            Slide(newg[1].grid, g.grid,i,j,1,-1,1,1);
            num++;
        }
        return num;
    }
    //兵下移 D
    if(g.grid[i][j]=='S' &&i<4 &&g.grid[i+1][j]=='B')
    {
```

```
GetNextG(&newg[0],&g,sizeof(G));
Slide(newg[0].grid, g.grid,i,j,1,0,1,1);
intnum = 1;
if(i < 3&&g.grid[i + 2][j] == ´B´){//DD
    GetNextG(&newg[1],&g,sizeof(G));
    Slide(newg[1].grid, g.grid,i,j,2,0,1,1);
    num ++;
}
else if(j! = 0 &&g.grid[i + 1][j − 1] == ´B´){//DL
    GetNextG(&newg[1],&g,sizeof(G));
    Slide(newg[1].grid, g.grid,i,j,1, − 1,1,1);
    num ++;
}
else if(j < 3&&g.grid[i + 1][j + 1] == ´B´){//DR
    GetNextG(&newg[1],&g,sizeof(G));
    Slide(newg[1].grid, g.grid,i,j,1,1,1,1);
    num ++;
}
return num;
}
//兵右移 R
if(g.grid[i][j] == ´S´ && j < 3 &&g.grid[i][j + 1] == ´B´)
{
    GetNextG(&newg[0],&g,sizeof(G));
    Slide(newg[0].grid, g.grid,i,j,0,1,1,1);
    intnum = 1;
    if(j < 2&&g.grid[i][j + 2] == ´B´){//RR
        GetNextG(&newg[1],&g,sizeof(G));
        Slide(newg[1].grid, g.grid,i,j,0,2,1,1);
        num ++;
    }
    else if  (i! = 0 &&g.grid[i − 1][j + 1] == ´B´){//RU
        GetNextG(&newg[1],&g,sizeof(G));
        Slide(newg[1].grid, g.grid,i,j, − 1,1,1,1);
        num ++;
    }
    else if  (i < 4&&g.grid[i + 1][j + 1] == ´B´){//RD
        GetNextG(&newg[1],&g,sizeof(G));
        Slide(newg[1].grid, g.grid,i,j,1,1,1,1);
        num ++;
```

```
        }
        return num;
    }
    return 0;
}
//打印布局
void printG(const G & g)
{
        for( int i = 0; i < 5; i++ ){
            for( int j = 0; j < 4; j++ ){
                cout << g.grid[i][j]<<" ";
            }
            cout << endl;
        }
        cout << endl;
}

//打印结果
void printResult(G &g, const set < G > &myset)
{
    stack < G > mystack;
    while(g.father[0][0]! = 0){
        mystack.push (g);
        memcpy(g.grid[0], g.father[0], 20);
        if(myset.find(g)! = myset.end()){
            g = * myset.find(g);
        }
        else{
            cout <<"Errror"<< endl;
            exit(0);
        }
    }
    int k = 1;
    while(! mystack.empty()){
        G g = mystack.top ();
        mystack.pop ();
        cout << k++<<":"<< endl;
        printG(g);
    }
    cout <<"All States:"<< myset.size ()<< endl;
}
```

**2. 算法测试**

通过测试,程序运行时间在毫秒级即可得到结果,从初始状态到最终状态一共有 82 个状态图,即有 81 步滑动。到得到最优解时所探测的状态全部存储到了 myset 集合中,共有 23 900 种布局状态。

具体代码如下:

```
int main()
{
    char s[] =                      //设定初始状态
    {
        'G','C','0','G',
        '0','0','0','0',
        'G','H','0','G',
        '0','S','S','0',
        'S','B','B','S'
    };
    G g;
    memcpy(g.grid[0],s,20);
    g.father[0][0] = 0;             //初始状态不存在上一步状态

    queue<G>    myqueue;
    set<G>      myset;
    myqueue.push(g);
    myset.insert(g);
    while(! myqueue.empty())
    {
        G current = myqueue.front();
        myqueue.pop();
        for(int i = 0;i<5;i++){
            for(int j = 0;j<4;j++){
                G next[2];          //存储下一步状态,最多有2种状态
                int n = Move(current,i,j,next);
                for  (int k = 0;k<n;k++){
                    if(next[k].grid[3][1] == 'C'){
                        printResult(next[k],myset);
                        return 0;
                    }
                    if(myset.find(next[k]) == myset.end()){
                        myqueue.push(next[k]);
                        myset.insert(next[k]);
                    }
```

```
            }
        }
    }
}
    return 0;
}
```

# 2.5 总　　结

本课程设计实现了华容道游戏的求解方法。求解过程采用广度优先搜索最优解的方法。该方法可以用于求解多种类似问题。在实际应用中,若最终结果的状态是唯一的,如三阶魔方问题,还可以采用双向广度优先搜索,即从起始状态和最终状态同时进行双向广度优先搜索,从起始状态开始遍历新的状态,从最终状态遍历产生该状态的前一个状态。每遍历一个新的状态,就在另一个方向上的所有状态中查找,若找到,则两个方向上的遍历路径有了连接,这就是最优解之一。

华容道的起始布局有很多,都可以根据该算法进行最优解求解。图 3-2-2 给出几种常见的布局。读者可以自行测试。

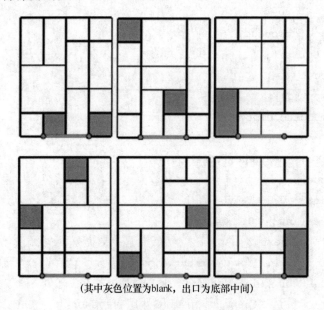

(其中灰色位置为blank,出口为底部中间)

图 3-2-2　华容道其他起始布局

# 校园地图

编写一个简单的校园地图搜索软件,能够实现以下功能:

- 能够显示学校地图;
- 根据用户输入的地址,能够在地图上定位相关地点;
- 根据用户输入起始和终止地点,显示从起点到终点的路径;
- 有良好的用户交互界面。

提示:地图可以使用简单的 bmp 图像进行保存和显示。

## 3.1 概　　述

本题目的:学习使用模糊查找快速定位;学习使用最短路径 Dijkstra 算法进行路径搜索软件实现。系统示例如图 3-3-1 和图 3-3-2 所示。

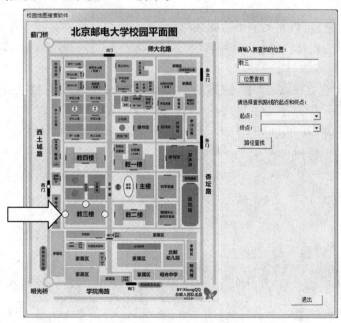

图 3-3-1　校园地图搜索软件——定位

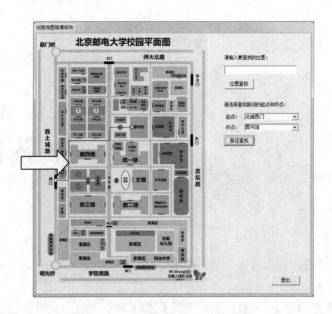

图 3-3-2  校园搜索软件——查找路径

校园地图搜索软件的数据准备、设计和实现的步骤如下：

（1）地图数据准备。

下载校园地图，比如"北京邮电大学校园平面图"，保存成.bmp 格式，用于显示。

（2）地图建模（数据准备）。

将地图上的街道、路口、建筑物等进行抽象，比如路口、建筑物等抽象为图的顶点，街道抽象为图的边，若建筑物在街道的中间，则需要通过将街道分成两段，中间增加一个顶点的方式来记录。记录顶点在图中的位置和名称，并估算顶点之间的距离，可以按实际距离估算，也可以按照比例进行缩放。该步骤建立整个系统的数据基础，这部分的顶点信息和连接需要手动生成。

简单的操作方法：可以在画笔中打开该图像，使用像素位置来替代实际坐标，使用文本文件 POSITION.TXT 记录位置 $(x, y)$ 和名称 Name，格式为 (ID, Name, $x$, $y$)。文件格式如图 3-3-3 所示。

此外，需要手动建立顶点之间的连接，由于大部分顶点之间是无直接连接的，所以只需要记录有连接的一对顶点即可，手动生成文件 MAP.TXT，该文件的格式如图 3-3-4 所示 (ID, ID)。顶点之间的距离可以使用在 POSITION.TXT 文件中的像素位置进行计算。

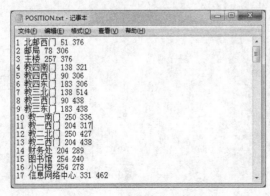

图 3-3-3  建筑物位置数据

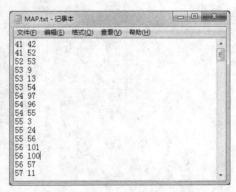

图 3-3-4  顶点编号之间的连接

使用文件的方式记录数据,可以使得随着地图的更新,只需要更新数据即可,不需要重新编写程序,因此程序的扩展性和灵活性都大大增强。

## 3.2　系统概要设计

(1) 逻辑结构:无向图。

(2) 存储结构:邻接矩阵。

(3) 主要算法:字符串匹配算法;最短路径搜索算法 Dijkstra 算法。

(4) 系统架构:根据将显示和数据相分离的原则,建立显示层、逻辑层、数据层的三层架构,如图 3-3-5 所示。该方式能够根据不同的数据显示不同的路径,建立的系统具备很好的扩展性。

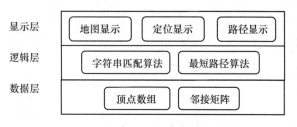

图 3-3-5　系统架构

## 3.3　系统详细设计

根据概要设计,整个系统的功能划分为如下部分。

**1. 数据层——存储结构**

顶点信息结构和邻接矩阵如下:

```
struct NODEINFO                              //顶点信息
{
    char sName[128];                         //顶点名称
    int x, y;                                //顶点坐标
};
NODEINFO vertex[NUM_OF_NODE];                //顶点数组
int arc[NUM_OF_NODE][NUM_OF_NODE];           //邻接矩阵
```

说明:NUM_OF_NODE 为常量,根据地图上的顶点数进行估算,本例中为 256。

**2. 数据层——生成数据**

① void GenNodeInfo(char * sFilename);

读取数据文件,建立顶点信息,生成 vertex 数组。

② void GenArcInfo(char * sFilename);

读取数据文件,建立边信息,生成邻接矩阵 arc 数组。

### 3. 逻辑层——算法实现

① 字符串匹配算法

```
int BF(char S[], char T[]);
```

参考配套教材《数据结构与 STL》中第 3 章字符串模式匹配算法 BF 即可。

② Dijkstra 算法

```
int FindMin(int Disk[],bool S[],int n);          //寻找路径最小值
void ShortPath(int v, int Disk[],int Path[]);    //最短路径算法
```

参考配套教材《数据结构与算法》中第 5 章最短路径算法即可。

### 4. 显示层——显示算法

① 读取地图数据

```
void LoadBitMap(int nResourceID);
```

② 显示地图

```
void ShowMap(CDC * pDC)
```

③ 显示定位点

```
void ShowPosition(CDC * pDC,int iPos[], int len);
```

④ 显示路径

```
void ShowPath(CDC * pDC,int Path[]);
```

# 3.4　系　统　实　现

### 1. 系统环境

使用 Micrsoft Visual Studio 2005 建立项目,项目名称为 SchoolMap;项目类型为 MFC 应用程序,如图 3-3-6 所示;应用程序类型为基于对话框,不使用 Unicode 符集,如图 3-3-7 所示。

图 3-3-6　MFC 应用程序

图 3-3-7 应用程序类型——基于对话框

**2. 系统资源和界面**

在资源视图中添加地图图片,本例中添加地图为 MAP.bmp,资源 ID 默认为 IDB_BITM-AP1。根据图 3-3-1 所示,添加如表 3-3-1 所示的控件。

控件变量的添加步骤:在资源视图中选择要添加变量的控件,右击,弹出一个快捷菜单,选择"添加变量",弹出一个"添加变量"对话框,在该对话框中添加变量名称,其他默认即可。

**表 3-3-1 添加的控件**

| 控件类型 | 控件 ID | 对应的变量 | 功能 |
|---|---|---|---|
| 静态控件 | IDC_STATIC | 无 | 显示"请输入要查找的位置" |
| | IDC_STATIC | 无 | 显示"请选择查找路线的起点和终点" |
| 按钮 | IDC_BUTTON1 | 无 | 位置查找 |
| | IDC_BUTTON2 | 无 | 路径查找 |
| 编辑框 | IDC_EDIT1 | CEdit m_editVertex; | 获取要查找的位置 |
| 下拉框 | IDC_COMBO1 | CComboBox m_comboStart; | 路径起点 |
| | IDC_COMBO2 | CComboBox m_comboEnd; | 路径终点 |

**3. 系统类结构**

创建项目时,系统自动生成 7 个文件和 2 个类,其中:

a. stdafx.h 和 stdafx.cpp 是编译预处理头,不需要进行任何操作;

b. Resource.h 是资源文件,由系统生成,不需要操作;

c. SchoolMap.h 和 SchoolMap.cpp 对应应用程序类 CSchoolMapApp,本例中不需要进行操作;

d. SchoolMapDlg.h 和 SchoolMapDlg.cpp 对应对话框类 CSchoolMapDlg,本例中的所有的功能都在该类中实现,这两个文件中的内容是重点。

根据详细设计,在 SchoolMapDlg.h 文件中♯progma once 代码之后添加 NODEINFO 结构类型定义,在 CSchoolMapDlg 类声明中添加相应成员变量和函数,具体如下:

① 添加私有数据成员

```
private:
    NODEINFO vertex[NUM_OF_NODE];              //顶点信息
    int arc[NUM_OF_NODE][NUM_OF_NODE];         //邻接矩阵
    int num_of_vertex;                         //实际顶点数

    //路径相关数据
    int m_start;                               //路径起点 ID
    int m_end;                                 //路径终点 ID
    int Path[NUM_OF_NODE];                     //一次查找的路径信息,-1 结束

    //定位查找点数据
    int Position[NUM_OF_NODE];                 //一次查找的定位点 ID,可以多个
    int num_of_Position;                       //对应查找的定位点数目

    //读取地图相关
    CDC memDC;                                 //用于保存地图图片的显示设备
    CBitmap m_bmp;                             //用于保存地图图片
```

② 添加公有成员函数

```
public:
    ~CSchoolMapDlg();                          //析构函数
    void GenNodeInfo(char * sFilename);        //生成顶点信息
    void GenArcInfo(char * sFilename);         //生成边信息,即邻接矩阵
    int FindMin(int Disk[],bool S[],int n);
    void ShortPath(int v, int Disk[],int Path[]);     //最短路径
    int BF(char S[], char T[]);                //字符串匹配算法

    void LoadMap(int nResourceID);             //读取地图图片
    void ShowMap(CDC * pDC);                   //显示地图
    void ShowPath(CDC * pDC,int Path[]);       //显示路径
    void ShowPosition(CDC * pDC,int iPos[], int len);     //显示查找点
```

③ 界面控件变量,系统自动添加

```
public:
    CComboBox m_comboStart;                    //下拉框控件变量
    CComboBox m_comboEnd;
    CEdit m_editVertex;                        //编辑框控件变量
```

④ 消息响应函数,系统自动添加

```
public:
    afx_msg void OnBnClickedButton2();         //单击按钮消息响应函数
```

```
afx_msg void OnBnClickedButton1();
afx_msg void OnCbnSelchangeCombo1();        //下拉框选择消息响应函数
afx_msg void OnCbnSelchangeCombo2();
```

消息响应函数的添加步骤如下:在资源视图中选择要添加消息(响应鼠标事件)的控件,双击该控件,自动添加消息响应函数。

**4. 关键算法实现**

下面①～⑩的部分的算法都是在 SchoolMapDlg.cpp 文件中实现的,与 SchoolMapDlg 声明中的成员函数——对应。

① 根据图 3-3-3 所示 POSITION.TXT 文件中的顶点格式,读取数据文件,生成 vertex 顶点数组。

```
void CSchoolMapDlg::GenNodeInfo(char * sFilename)
{
    int nID = 0;
    memset(vertex,0,sizeof(NODEINFO) * NUM_OF_NODE);    //初始化顶点信息为 0
    ifstream infile(sFilename);                          //读取 POSITION.TXT 文件
    if(infile.good())
    {
        while(! infile.eof())
        {
            infile >> nID;                               //获取顶点 ID
            infile >> vertex[nID - 1].sName;             //获取顶点名称
            infile >> vertex[nID - 1].x;                 //获取顶点坐标
            infile >> vertex[nID - 1].y;
            if(nID < START_OF_HIDENODE)
            {
                m_comboStart.AddString(vertex[nID - 1].sName);    //添加到起点下拉框
                m_comboEnd.AddString(vertex[nID - 1].sName);      //添加到终点下拉框
            }
            if(num_of_vertex < nID)
                num_of_vertex = nID;                     //记录实际顶点个数
        }
    }
    infile.close();
}
```

说明:在生成地图顶点信息时,街道上的关键点和路口会抽象成顶点,但该顶点为隐藏顶点,即为了显示真实的路径而人为设置的顶点,不需要进行查找,本例中定义了 51 个真实的建筑物顶点,隐藏顶点从 52 开始,因此 START_OF_HIDENODE 的值为 52,可定义为常量。此外,数据中的 ID 从 1 开始,C++数组下标从 0 开始,因此下标=ID-1。

② 根据图 3-3-4 所示 MAP.TXT 文件格式,读取数据文件,生成邻接矩阵 arc 数组。

```
void CSchoolMapDlg::GenArcInfo(char * sFilename)
{
    for(int i = 0; i < NUM_OF_NODE; i++)
        for(int j = 0; j < NUM_OF_NODE; j++)
            arc[i][j] = MAX;          //MAX 为顶点不可达,值为 10 000 或更大即可

    int i = 0, j = 0;
    ifstream infile(sFilename);       //读取 MAP.TXT 文件
    if(infile.good())
    {
        while(! infile.eof())
        {
            infile >> i;   i--;
            infile >> j;   j--;
            //计算顶点之间的距离
            arc[i][j] = sqrt(double((vertex[i].x - vertex[j].x)
                        * (vertex[i].x - vertex[j].x)
                        + (vertex[i].y - vertex[j].y) *
                        (vertex[i].y - vertex[j].y)));
            arc[j][i] = arc[i][j];
        }
    }
    infile.close();
}
```

③ 读取地图图片。

首先,在资源视图下右击,在弹出的快捷菜单中选择"添加资源"菜单,弹出如图 3-3-8 所示窗口,单击"导入(M)…"按钮,选择扩展名为.bmp 的地图文件,则该文件添加到工程中,资源 ID 默认为 IDB_BITMAP1。

图 3-3-8　添加资源对话框

然后,实现 LoadMap 函数,将该图片读入内存,再保存到显示设备中。

```
void CSchoolMapDlg::LoadMap(int nResourceID)
{
    memDC.CreateCompatibleDC(GetDC());    //创建兼容显示设备
    if(m_bmp.LoadBitmap(nResourceID))     //读取 bmp 资源,保存在 m_bmp 中
    {
        memDC.SelectObject(&m_bmp);       //将图片保存在显示设备中
    }
}
```

问题 1:如何使用上述读取文件的 3 个函数呢?

回答:创建工程时,系统自动生成 OnInitDialog 成员函数,用于窗口初始化,在 BOOL CSchoolMapDlg::OnInitDialog()函数实现中找到注释:"//TODO:在此添加额外的初始化代码",在该注释之后添加读取文件的下面三句代码即可完成系统的初始化。

```
LoadMap(IDB_BITMAP1);                      //1)
GenNodeInfo("D:\\POSITION.TXT");           //2)
GenArcInfo("D:\\MAP.TXT");                 //3)
```

④ 显示地图。

```
void CSchoolMapDlg::ShowMap(CDC * pDC)
{
  BITMAP bm;
  m_bmp.GetBitmap(&bm);                    //获取地图的长和宽
  //显示在窗口中
  pDC->BitBlt(0,0,bm.bmWidth,bm.bmHeight,&memDC,0,0,SRCCOPY);
}
```

说明:pDC 是窗口显示的设备指针,该指针读取保存地图图片的设备 memDC,从而能够在窗口中显示地图。CDC 类的 BitBlt()函数仅能够显示原图,不能改变图像的大小。若需要缩放地图,可以使用 CDC 类的 StretchBlt()函数显示地图。

⑤ 显示定位点:在定位坐标画一个圆圈显示查找到的地点。

```
void CSchoolMapDlg::ShowPosition(CDC * pDC,int iPos[], int len)//iPos 存储定位
点下标
{
  for(int i = 0; i < len;i ++)             //在定位点画一个圆圈表示
      pDC->Ellipse(vertex[iPos[i]].x - 8,vertex[iPos[i]].y - 8,
              vertex[iPos[i]].x + 8,vertex[iPos[i]].y + 8);
}
```

说明:CDC 类的 Ellipse()函数用于画一个椭圆或圆圈,大小由参数确定,参数为容纳该圆圈的矩形的左上角和右下角的坐标。

⑥ 显示路径：由终点开始向起点画线。

```
void CSchoolMapDlg::ShowPath(CDC * pDC,int Path[])
{
    int i = m_end;
    pDC->Ellipse(vertex[i].x-5,vertex[i].y-5,vertex[i].x+5,
                vertex[i].y+5);
                                                        //画起点圆圈
    pDC->MoveTo(vertex[i].x,vertex[i].y);        //移动到起点
    while(Path[i]!=-1)
    {
        i = Path[i];
        pDC->LineTo(vertex[i].x,vertex[i].y);    //在顶点之间画线
    }
    pDC->Ellipse(vertex[i].x-5,vertex[i].y-5,vertex[i].x+5,vertex[i].y+
5);                                                    //画终点圆圈
}
```

问题2：如何使用上述显示的3个函数呢？

回答：创建系统时自动生成OnPaint()成员函数，用于窗口内图像的显示和刷新。

所有用于窗口显示的代码都放在函数 void CSchoolMapDlg::OnPaint()中执行。所以显示地图、显示定位点、显示路径的函数调用代码（如下）都放在该函数中的 CDialog::OnPaint()之后调用即可，具体代码如下：

```
CDialog::OnPaint();
CDC * pDC = GetDC();                              //获取窗口显示设备
ShowMap(pDC);                                     //4)
ShowPath(pDC,Path);                               //5)
ShowPosition(pDC,Position,num_of_Position);       //6)
ReleaseDC(pDC);      //释放窗口显示设备
```

⑦ 字符串匹配算法（参考配套教材第3章BF算法即可），用于定位时在顶点中进行模糊查找，实现如下：

```
int CSchoolMapDlg::BF(char S[], char T[])
{
    int i = 0,  j = 0;
    while(S[i]!='\0'&& T[j]!='\0')
    {
        if(S[i]==T[j]) {i++; j++; }          //继续比较后继字符
        else {i=i-j+1;   j=0; }              //指针后退重新开始匹配
    }
    if(T[j]=='\0')  return i-j+1;
```

```
        else   return 0;
}
```

⑧ **查找定位点**：单击"定位查找"按钮，系统自动执行 OnBnClickedButton1 函数实现查找。

```
void CSchoolMapDlg::OnBnClickedButton1()
{
  CString sPos;
  m_editVertex.GetWindowTextA(sPos);                  //获取定位点输入信息
  num_of_Position = 0;                                //初始化定位点个数为 0
  for(int i = 0; i < num_of_vertex;i++)               //在顶点数组中顺序查找
      if(BF(vertex[i].sName,sPos.GetBuffer())!=0)      //查找顶点名称中含有输入信
                                                       //  息的顶点
          Position[num_of_Position++] = i;
  if(num_of_Position == 0)
      AfxMessageBox("该位置不存在,请重新输入!");          //弹出提示对话框
  else
      Invalidate();                                   //调用 onPaint 函数显示
}
```

⑨ **最短路径算法**（参考配套教材第 5 章）

```
int CSchoolMapDlg::FindMin(int Disk[],bool S[],int n)   //辅助函数
{
  int k = 0, min = MAX;
  for(int i = 0;i < n;i++)
  {
      if(! S[i] && min > Disk[i])
      {           min = Disk[i];k = i;        }
  }
  if(min == MAX) return -1;
  return k;
}
//D 算法,参数 v 起点,Disk 记录距离,Path 记录路径
void CSchoolMapDlg::ShortPath(int v, int Disk[],int Path[])
{
    bool S[NUM_OF_NODE];
    for(int i = 0;i < num_of_vertex;i++)               //初始化辅助数组
    {
      S[i] = false;
      Disk[i] = arc[v][i];                             //2)生成的邻接矩阵
      if(Disk[i] != MAX)     Path[i] = v;
```

```
        else        Path[i] = - 1;                              //无前驱
    }
    S[v] = true;    Disk[v] = 0;                                //初始化 V0 顶点∈S
    for(int i = 0;i < num_of_vertex;i + + )
    {
        if((v = FindMin(Disk,S,num_of_vertex)) = = - 1)         //寻找离 V0 最近的顶点
            return;
        S[v] = true;                                            //加入 S
        for(int j = 0;j < num_of_vertex;j + + )                 //更新辅助数组
            if(!S[j] && (Disk[j] > arc[v][j] + Disk[v]))
            {
                Disk[j] = arc[v][j] + Disk[v];    Path[j] = v;
            }
        if(v = = m_end)    break;                               //v 为指定的终点,算法结束
    }
}
```

说明:D 算法能够找出起点到所有其他顶点的最短路径,但本例中只需要找出指定终点的最短路径即可,因此添加了一句代码 if(v = = m_end)    break;即当找到指定终点的最短路径后,该算法直接结束。其他和 D 算法一致。

⑩ 查找起点到终点的路径,步骤是:选择起点,系统执行函数 OnCbnSelchangeCombo1,选择终点,系统执行函数 OnCbnSelchangeCombo1,单击"路径查找"按钮,系统自动执行 On-BnClickedButton1 函数实现查找。

```
void CSchoolMapDlg::OnCbnSelchangeCombo1()               //选择起点
{
    CString sVertex;
    int i = m_comboStart.GetCurSel();                    //获取选择项在下拉框中的位置
    m_comboStart.GetLBText(i,sVertex);                    //获取选择的起点内容
    for(int i = 0;i < num_of_vertex;i + + )              //查找起点在顶点数组中的 ID
        if(sVertex = = vertex[i].sName)
        {
            m_start = i;    return;
        }
}
void CSchoolMapDlg::OnCbnSelchangeCombo2()               //选择终点
{
    CString sVertex;
    int i = m_comboEnd.GetCurSel();                      //获取选择项在下拉框中的位置
    m_comboEnd.GetLBText(i,sVertex);                     //获取选择的终点内容
    for(int i = 0;i < num_of_vertex;i + + )              //查找终点在顶点数组中的 ID
```

```
        if(sVertex == vertex[i].sName)
        {
            m_end = i;return;
        }
}
void CSchoolMapDlg::OnBnClickedButton2()                //单击"路径查找"按钮
{
    int Disk[NUM_OF_NODE];
    ShortPath(m_start,Disk,Path);
    Invalidate();                                       //调用 OnPaint()函数显示路径
}
```

## 3.5 总　　结

系统运行结果如图 3-3-1 和图 3-3-2 所示,本例中通过数据抽象建模、实现图的经典算法 Dijkstra 算法和 MFC 提供的显示 API 实现,实现了数据←→逻辑←→界面显示的分离,程序结构更加清晰。该软件的优点是:基础数据由文件读取,如果使用不同的地图,只需要更新数据文件,不需要重新编写软件即可实现,扩展性好。

# 附录A
# 魔方游戏、独立钻石棋

**1. 魔方游戏**

魔方是给定一种混乱状态,通过转动不同的 6 个面,最后实现每个面上的颜色相同。如图 A.1 所示。

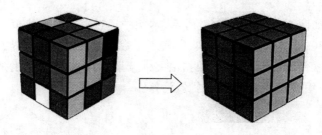

图 A.1 魔方游戏

使用计算机求解目前最快平均 20 步就可以了,而人类操作最快的也需要 50 多步。世界上最快的人 9.77 秒就可以还原一个魔方(纪录创造于 2007 年 10 月 13 日的荷兰公开赛),纪录保持者是来自荷兰的 Erik Akkersdijk。

**2. 独立钻石棋**

独立钻石棋游戏玩法如跳棋,但不能走步,只能跳。棋盘如图 A.2(a)所示。

开始时,除中心单元格外将每个单元格放置一个旗子。共放置 32 个棋子,如图 A.2(b)所示。

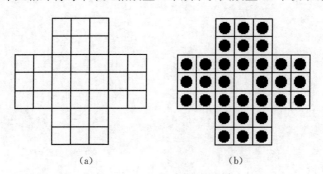

(a)                    (b)

图 A.2 钻石棋

开始走棋时,棋子跳过相邻的棋子到空位上,并且把跳过的棋子吃掉。棋沿棋盘的格线横跳、纵跳,但是不能斜跳,直到最后剩下一个棋子才算胜利。

评判独立钻石水平的级别是:最后剩下 5 个棋子——颇好;剩下 4 个棋子——很好;剩下 3 个棋子——聪明;剩下 2 个棋子——尖子;剩下 1 个棋子——大师;最后剩下 1 个,而且在正中央——天才。试一试你的程序执行完后会胜几个棋子。

在 1908 年以前,人们都以为要取得天才最少要跳 23 步(连跳作一步计)。但在 1908 年都丹尼把纪录提高到 19 步;而在 1912 年布荷特创下了 18 步的世界纪录!这纪录后来由英国剑桥大学的比斯尼教授从数学上证明为绝对的世界纪录。换句话说,要取得天才,最少需要 18 步才可。1986 年,在上海举行的独立钻石征解赛中,中国女工万萍萍,找到另一种不同于布荷特的 18 步取得天才的方法。后来上海计算机研究所开动了大型的计算机,希望找出用 18 步取得天才的各种方法,结果得出令人惊异的答案:独立钻石以 18 步取得天才的方法只有两种,一种是布荷特的,另一种便是万萍萍的。

# 数据结构与算法
# 实验报告

实验题目：_____
姓　　名：_____
学　　号：_____
日　　期：_____
自我评分：　　　【X】_____

自我评分说明：A＋,A,B＋,B,B－,C,D,分别对应分数 95、90、85、80、75、70、60

# 诚信声明

本人郑重承诺:本实验程序和实验报告均是本人独立学习和工作所获得的成果。尽我所知,实验报告中除特别标注的地方外,不包含其他同学已经发表或撰写过的成果;实验程序中对代码工作的任何帮助者所做的贡献均做了明确的说明,并表达了谢意。

如有抄袭,本人原因承担因此而造成的任何后果。

特此声明。

签名:_____

日期:_____

程序引用说明

| 序号 | 引用项 | 来源 | 相同代码行数 |
|---|---|---|---|
| 1 | 查找函数 | 课本 | |
| 2 | 构造有序链表函数 | 互联网网址 | |
| 3 | 打印 | 参考书 | |
| | | | |
| | | | |
| | | | |
| | | | |
| 小计 | | | |

总代码行数_____;引用占比_____

### 1. 实验简介

【实验内容的简要说明,具体说明实验完成的功能和性能要求】

### 2. 程序框架

【实验程序共包含哪些函数,一一列举函数名和函数功能】

### 3. 关键代码实现

【哪些函数是你认为最能体现自己工作成果的函数,说明函数实现基本思想(可用文字或图表示),以及具体的实验步骤(用伪代码或带注释代码)】

#### 3.1　函数名 1

#### 3.2　函数名 2

### 4. 不足

【实验程序哪些函数功能还有缺陷或不足,或者程序架构有不足,或者性能有待提高,或者代码不合规范等,所有你自己对程序不满意的地方】

### 5. 心得体会

【所有你在实验中的感受和想对老师说的话都可以放在这里,篇幅不限】